FÜTT
MIC

FÜTTER MICH

FÜTTER MICH

DAS KOCHBUCH FÜR DEN HUND

REZEPTE UND TEXT VON
LIVIANA PROLA

HUNDE-
FUTTER
SELBST
GEMACHT

Die Grundlagen

„Du bist, was du isst“, sagt das Sprichwort, und das gilt für Hunde genauso wie für den Menschen. Die richtige Fütterung des Hundes ist von zentraler Bedeutung für viele Dinge – sie unterstützt die Gesunderhaltung von Blutkreislauf und Muskeltonus und im Wachstum die Bildung neuen Gewebes. Sie können Ihrem Hund schneller, einfacher und günstiger das Richtige füttern, als Sie vielleicht denken. Sie sollten jedoch ein paar Grundlagen kennen.

Das Futter eines Hundes muss einige Punkte erfüllen. Es muss

- ausgewogen und
- gut verdaulich sein,
- appetitlich aussehen, riechen und schmecken sowie
- für Hunde verträgliche Zutaten enthalten

Das richtige Futter sollte nicht nur satt machen, sondern auch alle Nährstoffe enthalten, die ein Hund braucht, um gesund zu bleiben: Wasser, Proteine, Fette, Mineralien und Vitamine (weitere Informationen auf Seite 164). Wie beim Menschen geht es um die Ausgewogenheit der richtigen Zutaten – ein gutes Futter enthält von keiner Nährstoffgruppe zu viel oder zu wenig. Das bedeutet wohldosierte Mengen leckerer Zutaten, und genau das finden Sie in den Rezepten in diesem Buch.

Die Verdaulichkeit ist auch bei selbst gekochtem Futter entscheidend und hängt nicht nur von den Zutaten ab, sondern auch von ihrer Zubereitung. Im Allgemeinen sind Fleischprodukte für Hunde am leichtesten verdaulich. Anders beim Gemüse: Es ist reich an Ballaststoffen und reguliert daher hauptsächlich die Funktion und Bakterienflora des Darms. Stärke, wie sie in Getreide und Kartoffeln enthalten ist, wird durch das Kochen für Hunde leicht verdaulich. Im Gegensatz zum Menschen beginnt beim Hund die Verdauung erst im Darm, was den Vorgang länger und komplexer macht. Vereinfacht gesagt ist Stärke aus Reis, Kartoffeln und Nudeln nur nach langem Kochen eine wertvolle Energiequelle – wenn es für den Menschen verkocht wäre, ist es für den Hund genau richtig.

Ganz besonders wichtig ist, wie appetitlich das Futter für einen Hund ist. Wir Menschen können uns entschließen, etwas zu essen, das wir vielleicht nicht mögen, aber widerwillig akzeptieren,

weil es notwendig und gut für uns ist. Diese Fähigkeit sehen wir oft als selbstverständlich an.

Aber wie wir haben auch Hunde nicht alle den gleichen Geschmack. Meist bevorzugen sie Fleisch, Nassfutter statt Trockenfutter, warmes statt kaltes Futter, und je fetter es ist, desto besser. Wenig überraschend: Der Geruch des Futters ist entscheidend. Hunde haben nicht viele Geschmacksnerven, aber wenn es um das Riechen geht, sind ihre Fähigkeiten unübertroffen – und so spielt ein appetitlicher Geruch eine große Rolle dabei, was sie gern fressen.

Warum Futter selbst zubereiten?

Es gibt viele Gründe, warum Hundehalter für ihre Hunde kochen wollen. Für die einen ist es eine Frage der Qualität – so wissen sie, dass das Futter Happen für Happen nicht besser sein könnte. Für andere ist es eine Möglichkeit, die Futtermenge zu kontrollieren oder sicherzustellen, dass sie ihr Tier seinem Alter und gesundheitlichem Zustand entsprechend füttern. Außerdem ist es erfüllend, das Essen für die, die man liebt – ja, auch den Hund – selbst zuzubereiten. Welchen Grund auch immer Sie haben: Für Ihren Hund zu kochen ist eine wichtige Entscheidung und eine Aufgabe, die Sorgfalt, Aufmerksamkeit und Zeit erfordert.

Selbst einen Ernährungsplan aufzustellen, der den Energie- und Nährstoffbedarf eines Hundes erfüllt, braucht einige Überlegung; ob viel oder wenig, hängt von der Art des Futterplans ab, aber auch von den individuellen Kochkünsten und wie man sich organisiert. In der Praxis wird es jedenfalls zeitaufwändiger sein, Hundefutter selbst zu kochen, als Fertigfutter selbst zu kaufen.

Kurz gesagt: Es ist keine leichte Entscheidung – Sie sollten vor einer Futterumstellung zunächst immer den Tierarzt Ihres Hundes zurate ziehen –, doch sie bietet unstrittig Vorteile, zum Beispiel:

- Besserer Geschmack: In der Regel schätzen Hunde aller Größen und Rassen selbst gemachtes Futter.
- Keine synthetischen Konservierungsstoffe oder Antioxidantien: Frisch zubereitete Lebensmittel werden nicht lange gelagert, sodass keine Stabilisatoren erforderlich sind.
- Mehr Proteine: Die Extrusion – das Verfahren zur Herstellung von Trockenfutter (gemahlenes Protein, zu Pellets/Kroketten verarbeitet, wird in handelsüblichem Hundefutter verwendet) – erfordert eine gewisse Menge an Stärke, die in selbst gemachtem Futter nicht nötig ist, sodass dieses meist mehr Proteinquellen mit besseren Nährwerten enthält.
- Leichter verdaulich
- Hochwertigere Zutaten
- Flexiblere Auswahl der Zutaten

Auch übergewichtige Hunde oder Hunde mit Lebensmittelunverträglichkeiten können von Selbstgekochtem profitieren. Der höhere Proteingehalt von selbst gemachtem Hundefutter (verglichen mit Trockenfutter) kann dazu führen, dass sich sowohl die fettfreie Körpermasse des Hundes als auch sein Grundbedarf erhöhen.

Bei Hunden mit Allergien bedeutet die flexiblere Auswahl bei den Zutaten, dass Sie einzelne weglassen können, um die Reaktion Ihres Tieres zu überprüfen – bei Fertigfutter ist es unmöglich, die Inhaltsstoffe so exakt zu überwachen. Bei selbst gemachtem Futter haben Sie alles selbst in der Hand, und so kann über eine Ausschlussdiät versucht werden herauszufinden, worauf der Hund allergisch reagiert.

Auch wenn selbst gemachtes Futter Flexibilität bietet, muss man eines bedenken: Es heißt nicht, dass man improvisieren kann. Sie müssen sich an die Rezepte und Anleitungen halten und, wie gesagt, immer Ihren Tierarzt zurate ziehen, bevor Sie zu selbst gemachtem Futter wechseln. So stellen Sie sicher, dass es für Ihr Tier passt. Halten Sie sich genau an die Rezepte: Wenn ein Futterplan zum Beispiel die Nährwerte einer Rinderlende (von einem 12 bis 18 Monate alten Rind) einkalkuliert, nehmen Sie kein anderes Fleisch. Die Zutaten können denen von Rezepten für den Menschen sehr ähneln, müssen für den Hund aber viel sorgfältiger berechnet werden. Wenn Sie also die richtigen Zutaten nicht besorgen können, versuchen Sie lieber zuerst ein anderes Rezept – bei 50 Rezepten zur Auswahl dürfte das nicht weiter schwierig sein.

Eine Futterumstellung wird für Ihren Hund zwangsläufig eine heikle Angelegenheit – selbst das Wechseln der Futtermarke führt bisweilen dazu, dass manche Hunde die Nase rümpfen. Das kann auch passieren, wenn Sie von Fertigfutter auf selbst gemachtes Futter umsteigen. Die Gründe dafür sind nicht bekannt, doch handelsübliches Trockenfutter ist schlicht und einfach standardisiert und bleibt daher immer gleich. Ein seit Jahren mit Trockenfutter gefütterter Hund hat eine sehr spezifische Darmflora entwickelt. Setzt man ihm eine breitere und komplexere Palette von Zutaten vor, muss sich die Darmflora des Hundes umstellen. Für die Praxis bedeutet das: Hunde und ihre Mägen sind Gewohnheitstiere, also müssen alle Veränderungen langsam umgesetzt werden, damit sich der Körper darauf einstellen kann.

Auf selbst gemachtes Futter umstellen

Die Umstellung von Fertigfutter auf selbst gemachtes Futter sollte immer schrittweise erfolgen. Lassen Sie sich für ein vollständiges Absetzen des Trockenfutters Mahlzeit für Mahlzeit über einen Zeitraum von mindestens zwei Wochen Zeit.

Mit den Rezepten dieses Buches können sie einfach anteilig umstellen. Berechnen Sie den Anteil auf Basis der für Ihren Hund angemessenen Futtermenge, wie in den Rezepten angegeben:

FUTTERUMSTELLUNGSPLAN

	FERTIGFUTTER	SELBST GEMACHTES FUTTER
TAG 1–5	um 25% reduzieren	Fügen Sie 50% der angegebenen Menge an Proteinen (Fleisch oder Fisch) hinzu.
TAG 6–10	um 50% reduzieren	Fügen Sie jeweils 50% der angegebenen Menge an Proteinen (Fleisch oder Fisch) und Gemüse hinzu.
TAG 11–15	um 75% reduzieren	Fügen Sie jeweils 50% der angegebenen Menge an Proteinen (Fleisch oder Fisch) und Gemüse sowie 100% der angegebenen Öle hinzu.
AB TAG 16	Geben Sie Ihrem Hund zu 100% das selbst gemachte Futter.	

Danach füttern Sie Ihren Hund ausschließlich mit selbst gemachtem Futter. Sollte Ihr Hund bei der Umstellung Probleme mit der Verdauung bekommen, bleiben Sie am besten so lange wie nötig in der ersten Stufe des Zeitplans. Oder versuchen Sie es drei bis fünf Tage lang mit Rezepten, die Sauermilchprodukte wie Joghurt oder Kefir enthalten.

Hören die Probleme auch dann nicht auf, sollten Sie sich von Ihrem Tierarzt beraten lassen.

AB WANN SOLLTEN SIE IHREM HUND SELBST GEMACHTES FUTTER ANBIETEN?

Wann der richtige Zeitpunkt ist, um Ihren Hund auf selbst gemachtes Futter umzustellen, ist vor allem bei den im Wachstum befindlichen Welpen ein viel diskutiertes Thema. Junge Hunde haben sehr spezifische Ernährungsbedürfnisse (siehe ab Seite 164 für nähere Informationen), was aber nicht heißt, dass Sie einen Welpen nicht auf selbst gemachtes Futter umstellen können, sobald er nicht mehr gesäugt wird – außer, es sprechen konkrete gesundheitliche Faktoren dagegen.

Der Magen-Darm-Trakt eines frisch abgesetzten Welpen ist, wie seine Darmflora, noch unreif. Die Nahrung, die er zu diesem Zeitpunkt erhält, muss daher leicht verdaulich sein: Pflanzliche Proteine (Erbsen, Sojabohnen, grüne Bohnen usw.) und unlösliche Ballaststoffe (in Blattgemüse, Zucchini) sind entsprechend zu meiden. Fleisch und Eier sollten direkt nach dem Absetzen jedoch gegeben werden. Dieses Buch enthält drei tolle Rezepte als ausgezeichneten Ansatzpunkt für Welpen (siehe ab Seite 44).

WAS PASSIERT, WENN SIE MIT DEM KOCHEN AUSSETZEN MÜSSEN?

Manchmal ist es nicht leicht, das Futter für Ihren Hund so sorgfältig und regelmäßig wie üblich zu kochen, beispielsweise auf Reisen. Am einfachsten wäre es in einem solchen Fall, für kurze Zeit wieder auf ein Fertigfutter zurückzugreifen, indem entsprechend dem Futterumstellungsplan auf Seite 15 in umgekehrter Reihenfolge umgestellt wird. Häufig nehmen die Hunde damit jedoch diesen Futterwechsel nicht gut an. Etwas vorausschauende Planung und ein paar Tipps zur Lagerung und zum Einfrieren können hier Abhilfe schaffen (siehe Seiten 34 und 37). Es ist auf jeden Fall immer ratsam, den Tierarzt zu konsultieren, bevor Sie Ihren Hund durcheinander füttern.

Futterbestandteile

FLEISCH

Hunde fressen am liebsten Fleisch – die meisten jedenfalls. Es ist sicherlich einer der häufigsten Bestandteile ihrer Nahrung. Zum Kochen sind Huhn, Pute, Rind und Lamm am besten, aber auch bestimmte Teile vom Schwein wie Lende oder (fettarmes) Beinfleisch eignen sich gut für Hunde. Der Grund: Mageres Fleisch mit wenig Bindegewebe enthält mehr hochwertiges Eiweiß und ist auch leichter verdaulich. Andererseits ist Fleisch arm an Vitaminen und bestimmten Mineralien wie Kalzium. Übermäßiger Fleischkonsum kann zu einer unangenehmen Gärung im Darm und zu Blähungen führen.

Knochen sind ein eigener Fall. Natürlich sind Hunde und Wölfe immer begierig nach ihnen, denn sie sind eine wichtige Kalziumquelle. Bei Selbstgekochtem ist es jedoch besser, auf ganze Knochen zu verzichten, da sie potenziell gefährlich sind: In gekochtem Zustand können sie beim Draufbeißen splittern und die Speiseröhre und den Magen des Hundes verletzen. Probieren Sie es mit Knochenmehl oder Nahrungsergänzungen als alternativer, viel einfacher regulierbarer Kalziumquelle.

FISCH

Fetter Fisch, Seehecht, Kabeljau, Seezunge oder Scholle und Süßwasserfische wie Lachs oder Forelle sind hervorragende Futterzutaten für den Hund. Fisch ist reich an hochwertigen Proteinen, essenziellen Aminosäuren, Fettsäuren wie Omega 3 und Mineralien. Auch Fisch muss gut durchgegart werden. Im Vergleich zu Fleisch ist das bakterielle Risiko viel geringer, doch einige häufige Fischarten enthalten Thiaminase. Dieses Enzym hemmt die Aufnahme von Vitamin B1, was den Kohlenhydrat-, Fett- und Proteinstoffwechsel des Hundes beeinträchtigen kann – was alles wesentlich für eine einwandfreie Funktion der Organe ist.

EIER

Eier enthalten alle essenziellen Aminosäuren und sind eine sehr gut verdauliche Proteinquelle mit hohem Nährwert.

MILCH UND MILCHPRODUKTE

Bei Milchprodukten als Futterzutat kommt es auf den richtigen Laktosegehalt an. Obwohl Milch aus ernährungsphysiologischer Sicht ein Alleinfuttermittel ist, wird sie in selbst gemachtem Hundefutter wegen des Laktosegehalts kaum eingesetzt: Dieser Zucker eignet sich nicht für erwachsene Hunde, da sie nicht über das nötige Enzym (Laktase) verfügen, um ihn zu verdauen (siehe Abschnitt über Nahrungsmittelunverträglichkeiten auf Seite 194). Bei den anderen Milchprodukten gibt es jedoch einige, die laktosefrei sind oder nur sehr geringe Mengen enthalten und daher für Hunde geeignet sind. Reifer Käse wie Parmesan, Grana Padano oder Cheddar enthalten kleinste Mengen Laktose, alle sind großartige Proteinquellen. Milchprodukte wie Ricotta und Kefir sind besonders laktosearm und können zur Stärkung des Immunsystems beitragen. Auch Butter ist gut für Hunde, denn sie ist ein sehr leicht verdauliches Fett. Um Probleme zu vermeiden, sollte man es nicht übertreiben, und in der Regel führt eine geringe Menge Laktose nicht zu Unverträglichkeiten.

INNEREIEN

Es gibt viele Schlachtreste, die man dem Hund füttern kann und die eine wichtige Ergänzung zu anderen Proteinquellen sind. Zu den häufigsten gehören Herz, Lunge, Niere, Milz und Pansen, die, obwohl sie oft als Abfallprodukt betrachtet werden, voller Vitamine und Proteine stecken. Innereien von Schwein und Huhn sind, wie das Fleisch dieser Tiere, immer durchzugaren. Leber sollte nur in der Menge verfüttert werden, wie es in den Rezepten angegeben oder vom Tierarzt empfohlen wird, um eine Überversorgung mit den Vitaminen A und D zu vermeiden, die auf Dauer schädlich sein kann.

OBST UND GEMÜSE

Mit Ausnahme von Zwiebeln und Knoblauch – sie sind für Hunde giftig – können alle Gemüsesorten verfüttert werden.

Wichtig bei Obst und Gemüse ist, was der Hund mag. Die beliebtesten Futterzutaten für Hunde sind für gewöhnlich Karotten, Kürbis und Zucchini. Fenchel, Mangold, Sellerie, verschiedene Salate und andere Blattgemüse, so auch Spinat, sowie Rüben (Rote Bete), Paprika, Tomaten und Auberginen werden beim Kochen selten verwendet – nicht, weil sie medizinisch gesehen Nebenwirkungen hätten, sondern weil Hunde sie in der Regel nicht mögen. Brokkoli, Blumenkohl, Kohl und Spinat können bei häufiger Verwendung zu Kalziumstoffwechsel- und Oxalatproblemen führen.

Das bei Hunden beliebteste Obst sind Äpfel, Aprikosen und Pfirsiche, die viele Vitamine und Antioxidantien enthalten. Trauben sollten nicht gefüttert werden, da sie für Hunde giftig sind, und Bananen sind nicht ratsam, da für Hunde schwer verdaulich.

Auch hier ist es wichtig, es mit dem pflanzlichen Futteranteil nicht zu übertreiben. Zu viele Ballaststoffe können Darmerkrankungen verursachen und langfristig auch das Fell beeinträchtigen. Wie beim Menschen ist das Maß entscheidend.

ÖLE UND FETTE

Hunde vertragen sowohl tierische als auch pflanzliche Öle und Fette. Zu Ersteren gehören Fischöl (am häufigsten Lachs und Hering), Krillöl, Butter, Pflanzenöle und Schmalz. Zu Letzteren zählen Weizenkeimöl, Mandelöl, Maiskeimöl, Sonnenblumenöl und viele andere, die alle sehr leicht verdaulich sind. Einige Pflanzenöle enthalten mit Vitamin E auch das stärkste natürliche Antioxidans. Hunde brauchen Vitamin E, das als Nahrungsergänzung gefüttert werden kann, für ein dichtes, glänzendes, gesundes Fell. Es wird aus pflanzlichen Ölen jedoch besser aufgenommen, sodass diese geringer dosiert werden können – wenn also ein Rezept ein bestimmtes tierisches oder pflanzliches Öl oder Fett enthält, hat das seinen guten Grund, und die Angaben sollten eingehalten werden. Natives Olivenöl extra ist nicht unbedingt die erste Wahl für Hunde: Sein intensiver Geschmack verleidet ihnen das Futter oft, vor allem aber hat es einen geringeren Gehalt an essenziellen Fettsäuren als Mais-, Sonnenblumen- oder Erdnussöl (reich an Omega 6), aber auch als Soja-, Leinsamen- oder Rapsöl. Essenzielle Fettsäuren sind zusammen mit Zink die wichtigsten Nährstoffe, um die Haut des Hundes gesund zu halten. Auch Kokosöl ist sehr gut, besonders für ältere Hunde, und es ist leicht verdaulich.

GETREIDE, BROT, KARTOFFELN UND PSEUDOGETREIDE

Bei den Kohlenhydraten sind die wichtigsten Energiequellen für Hunde Getreide, Brot, Wurzelgemüse und gekochte Hülsenfrüchte. Beim Getreide ist Reis am bekömmlichsten, doch Hunde mögen auch Getreideflocken (Mais, Weizen, Gerste und Hafer), Puffreis und Nudeln. Wenn Ihr Hund unter einer Getreideintoleranz leidet, sind vor allem Wurzelgemüse, Kartoffeln und Tapioka sowie Hülsenfrüchte wie Erbsen eine gute Alternative; die Erkrankung kommt jedoch recht selten vor. Daneben sind Pseudogetreide wie Amaranth und Quinoa eine wichtige Kohlenhydrat- und Proteinquelle.

SEETANG

Tang ist eine wichtige Quelle für Spurenelemente (Selen, Jod, Zink), enthält aber auch Fettsäuren (insbesondere Omega 3) und Proteine. Zu den für Hunde geeigneten Sorten gehören Spirulina (*Spirulina platensis*) und Kelp (*Macrocistis pyrifera*). Beide verbessern das Erscheinungsbild des Fells und bringen Nährstoffe für das Nervensystem mit. Wer Seetang füttert, braucht weniger für kommerzielle Nahrungsergänzungen auszugeben, muss allerdings die Jodzufuhr im Auge haben.

SUPERFOODS

Superfoods sind reich an Nährstoffen wie Vitaminen, Mineralien, essenziellen Fettsäuren und Antioxidantien – sie sind für Hunde genauso gut wie für den Menschen. Antioxidantien zählen zu den segensreichsten Nährstoffen, da sie freie Radikale neutralisieren und den Körper vor deren negativen Auswirkungen schützen können. Zudem sind sie wahre „Müllsammler“ und beseitigen die von den Zellen hinterlassenen Rückstände. Kurz: Antioxidantien können den Zelldegenerationsprozess, der zum Altern führt, verlangsamen und daher sowohl in der Human- als auch in der Veterinärmedizin als „Lebenselixier“ gelten. Diese Nahrungsgruppe bietet viele Zutaten, zum Beispiel Ingwer, Kurkuma, Rosmarin, Gojibeeren und Moosbeeren. Sie sind Bestandteil vieler Rezepte. Wichtig ist jedoch, daran zu denken, dass auch sie in Maßen konsumiert werden sollten.

→ IN KÜRZE

→ Proteine sind die Grundlage der Ernährung.
→ Fette sind eine wichtige Energiequelle.
→ Vitamine und Mineralien müssen immer zugesetzt werden.
→ Stärke ist die wichtigste Form verdaulicher Kohlenhydrate, enthalten in Brot, Reis, Getreide und Hülsenfrüchten.
→ Hunde sollten je 1 kg Körpergewicht täglich 50 ml/3½ TL Wasser trinken.

Bitte nicht füttern!

Bestimmte Nahrungsmittel sollten nie verfüttert werden – einige Inhaltsstoffe können Probleme verursachen und langfristige oder schwerwiegende Folgen für die Gesundheit des Hundes haben. Vollständige Listen solcher Inhaltsstoffe finden Sie auf den weiter hinten im Buch empfohlenen Webseiten. Hier haben wir vorab eine Liste der am häufigsten von Menschen verzehrten Nahrungsmittel zusammengestellt, von denen viele glauben, man könne sie dem Hund geben. Ein klassisches Beispiel? Schokolade. Nur weil sie für uns ein Genuss ist, ist sie kein gutes Hundeleckerli, sie verursacht Magenprobleme und kann bei kleinen Hunden sogar zum Tod führen.

WELCHE NAHRUNGSMITTEL SIND GIFTIG?

Einer der ersten Schritte auf dem Weg zum selbst gemachten Futter für den Hund ist, sich klarzumachen, dass einige Lebensmittel, die in der Regel als alltäglicher Bestandteil auf unserem eigenen Speisezettel stehen, für Hunde schlicht giftig sind und niemals verfüttert werden dürfen, darunter:

- Zwiebeln, Knoblauch usw.
- Weintrauben
- Macadamianüsse
- Schokolade, Kaffee und Tee
- Avocados

Natürlich sind in den Rezepten dieses Buches keine dieser Zutaten enthalten, aber man sollte über sie Bescheid wissen. Weitergehende Informationen finden Sie ab Seite 164.

Daneben gibt es auch einige Pflanzen (wie Oleander, Orchideen, Feigenbäume, Weihnachtssterne), die für Hunde giftig und sogar tödlich sind, aber an dieser Stelle nicht näher besprochen werden.

Richtig füttern

Eine der häufigsten Fragen ist, wie oft am Tag ein Hund gefüttert werden sollte. Beim erwachsenen Hund wird die Tagesration im Allgemeinen am besten auf zwei Mahlzeiten aufgeteilt: eine am Morgen, die andere am Abend. Das hat drei Gründe. Erstens frisst der Hund so nicht zu viel auf einmal. Das ist der gleiche Grund, warum es auch für uns Menschen am besten ist, die Mahlzeiten aufzuteilen – wenn ein Hund nur einmal am Tag frisst, müsste die Portion sehr groß ausfallen, und da er 24 Stunden lang nichts gefressen hätte, wäre er ausgehungert.

Zweitens verbraucht die Verdauung eine gewisse Menge an Energie, sodass die Aufteilung der Mahlzeiten dabei hilft, das Gewicht des Hundes im Griff zu halten, vor allem bei Übergewicht.

Der dritte Grund ist psychologisch. Hunde sind immer auf Nahrungssuche und – wir alle wissen es – ziemlich gut darin, uns ein „Nein" unmöglich zu machen. Die Tagesration eines Hundes auf zwei Mahlzeiten aufzuteilen macht es ihnen wie uns einfacher. Wenn Sie Ihrem Hund zwischendurch etwas geben wollen, legen Sie am besten das Obst, Gemüse oder den Joghurt aus einem der Rezepte als Snack zur Seite – das ist hilfreich, wenn er Sie mit seinem Hundeblick anschaut, während Sie selbst gerade essen. Es bedeutet auch, dass Sie immer noch die volle Kontrolle über sein Futter haben und ihm nicht unabsichtlich mehr geben, als er braucht. Wenn Sie nach diesem Buch kochen, bedenken Sie, dass die tägliche Portion für den ganzen Tag gedacht ist – verdoppeln Sie sie nicht, wenn Sie Ihren Hund zweimal füttern. Denken Sie auch daran, dass Sie, wenn Sie einen langen Spaziergang vorhaben, nach dem Fressen mindestens vier Stunden warten, bevor Sie losgehen. Außerdem sollte Futter nie zur freien Verfügung herumstehen, eine Schüssel mit frischem, sauberem Wasser muss dagegen immer verfügbar sein.

WARUM SIE ABWECHSLUNGSREICH FÜTTERN SOLLTEN

Hunde und Menschen haben unterschiedliche Gründe, warum sie sich abwechslungsreich ernähren sollten. Bei uns Menschen bedeutet Vielfalt eine ausgewogene Ernährung, durch die wir alle benötigten Nährstoffe in der richtigen Menge zu uns nehmen können. Ein Hund dagegen kann alle benötigten Nährstoffe mit der täglich gleichen Nahrung aufnehmen. Sein Futter ist also über den Tag hinweg ausgewogen: Jede Mahlzeit enthält bereits

alle Proteine, Fette, Vitamine und Mineralien, die er braucht, um glücklich und gesund zu bleiben.

Eine abwechslungsreiche Ernährung ist für einen Hund allerdings aus anderen Gründen gut. Genau wie wir kann er die Lust verlieren, wenn er zu oft das Gleiche vorgesetzt bekommt. Abwechslung beim Futter ist daher eine gute Methode, um seinen Appetit anzuregen und das Futter für ihn spannend zu machen.

Da die Rezepte in diesem Buch ernährungsphysiologisch alle ausgewogen sind, können Sie das, was Sie kochen und wie oft Sie die Mahlzeiten variieren, an die Geschmacksvorlieben Ihres Hundes anpassen.

Futterzubereitung und Kochen

Die bei Weitem beste Methode, Hundefutter zu kochen, ist das Dampfgaren. Es erfordert kein zusätzliches Öl oder Fett, und Sie können sicher sein, dass das Futter ausgewogen ist. Hierbei kochen Sie nur etwas Wasser am Boden eines normalen Kochtopfes, in den Sie einen Korb oder ein Sieb mit den zu garenden Zutaten hängen. Das Futter sollte nicht im Wasser hängen, sondern nur im Dampf. Auf diese Weise bleiben Geruch und Geschmack weitgehend erhalten, und das Futter kann Feuchtigkeit und andere Aromen aufnehmen, ohne seine guten Inhaltsstoffe zu verlieren. Ein guter Tipp ist, das Kochwasser aufzubewahren – Sie können es dem Futter zugeben, um es weicher und schmackhafter zu machen, und geben ihm damit sogar möglicherweise verloren gegangene Nährstoffe zurück.

GRUNDREGELN DES KOCHENS

Aus rein ernährungsphysiologischer Sicht ist rohes Fleisch vorzuziehen, denn beim Kochen gehen Nährstoffe, insbesondere Vitamine, verloren. Das gilt jedoch nicht für alle Fleischsorten – Huhn und Pute zum Beispiel können stark mit Bakterien belastet sein (Salmonellen, Listerien, Campylobacter usw.) und sind mikrobiologisch nur gegart unbedenklich. Auch Schweinefleisch (einschließlich Wildschwein) darf nur durcherhitzt verfüttert werden, da es Träger des Aujeszky-Virus sein kann. Dieses löst die Aujeszky-Krankheit – auch Pseudowut genannt – aus, die auf den Menschen zwar nicht übertragbar, für Hunde jedoch tödlich ist. Die goldene Regel: Halten Sie sich exakt an die Anweisungen in den Rezepten – ist dort angegeben, dass das Fleisch gekocht werden soll, hat das seinen guten Grund. Vergewissern Sie sich bei Huhn, Truthahn und Kaninchen, dass die Knochen entfernt wurden, da diese beim Zerkauen bersten und die scharfen Splitter Ihren Hund verletzen können. Außerdem führen Knochen unter Umständen zu Verstopfungen beim Hund und zu einem raschen Verschleiß seiner Zähne. Knochenmehl dagegen kann ohne Bedenken verfüttert werden.

Fisch muss immer gekocht und Gräten müssen gründlich entfernt werden.

Eier sollten weich gekocht werden, sodass das Eiweiß fest und das Eigelb flüssig ist.

Kohlenhydrate wie Getreide (zum Beispiel Reis, Nudeln) und Kartoffeln benötigen eine längere Garzeit, als wenn Sie sie für Ihr eigenes Essen zubereiten. Im Durchschnitt muss Getreide etwa fünf Minuten länger gekocht werden als auf der Verpackung angegeben. Kartoffeln sollten lange gekocht und dann püriert werden. Sind keine Kartoffeln verfügbar oder der Hund mag sie nicht, ist Tapioka ein ausgezeichneter Ersatz. Tapiokamehl lässt sich zu Brei verarbeiten oder zu Kugeln formen. Tapiokaperlen oder -flocken können vor dem Kochen eingeweicht werden.

Frisches, gut gewaschenes Gemüse kann in der Regel roh verzehrt werden, um die Nährstoffe (insbesondere Vitamine) bestmöglich zu erhalten, die beim Kochen teilweise verloren gehen. Rohes Gemüse ist bei Hunden aber oft nicht sehr beliebt. Gedämpftes Gemüse wird weich und lässt sich leicht mit Fleisch oder Fisch mischen, sodass der Hund es nicht aussortieren kann. Kann Ihr Hund Gemüse absolut nicht ausstehen, vermischen Sie es möglichst bis zur Unkenntlichkeit. Denken Sie daran, dass Kürbis und Auberginen ebenso wie Hülsenfrüchte (zum Beispiel Erbsen, grüne Bohnen, Sojabohnen) immer gekocht werden müssen.

Das Futter geben

Es ist wichtig, dass alle Zutaten wirklich gut vermischt sind, wenn das Futter gegeben wird. Wie bereits beschrieben, wird das feste Futter weicher und lässt sich leichter schlingen, wenn etwas Kochwasser hinzugegeben wird – Hunde mögen das.

Öle und Fette sollten immer kalt zugegeben werden, nachdem das Futter gekocht wurde. Dasselbe gilt für Nahrungsergänzungen.

Salz ist gesondert anzusprechen. Der Natriumbedarf eines Hundes wird normalerweise durch die in der Nahrung enthaltenen Inhaltsstoffe gedeckt – dem Futter gesunder Hunde muss kein Salz hinzugegeben werden. Bei Tieren, die Blasensteine haben, kann Salz allerdings hilfreich sein: Die Tiere trinken mehr. Konsultieren Sie in solchen Fall unbedingt Ihren Tierarzt.

Die Mahlzeiten sollten immer warm gegeben werden. Kalt zu füttern ist nicht empfehlenswert, und heißes Futter kann zu schweren Verbrennungen in Maul und Rachen führen. Seien Sie vorsichtig, wenn Sie das Futter in der Mikrowelle erwärmen, da es – besonders, wenn es wasserhaltig ist – an einigen Stellen noch kalt und an anderen schon heiß sein kann.

DER FUTTERPLATZ

Ebenfalls wichtig ist die Wahl des richtigen Napfes. Vorzuziehen ist Edelstahl, da das Material hygienisch ist und sich leicht reinigen lässt, es ist robust und hat keine Risse, in denen sich Rückstände ansammeln und die Ausbreitung von Pilzen und Bakterien begünstigen können. Der Napf sollte auch zur Größe und Schnauze des Hundes passen. Ein Hund mit spitzer, mittellanger bis langer Schnauze kann gut aus einem höheren, schmaleren Napf fressen, während ein Hund mit kurzer Schnauze wie Boxer, Bulldogge oder Mops sich leichter tun wird, aus einem flachen, breiten Napf zu fressen, sodass er sich dabei nicht vollschmiert.

Bei mehreren Hunden sollten die Näpfe mit Abstand aufgestellt werden, wenn möglich an unterschiedlichen Plätzen. Dies verhindert, dass die Hunde aus Futterneid zu schnell fressen und dass sie versuchen, an das Futter der anderen Hunde zu kommen. Beides ist gefährlich – es könnte zu Beißereien kommen. Auch lässt sich schwer sagen, wie viel jeder Hund tatsächlich gefressen hat.

Futterlagerung

Einer der größten Stolpersteine auf dem Weg zum selbst gemachten Futter ist die Zeit. Mit einigen Tipps lässt sich alles vereinfachen und vermeiden, dass Sie den ganzen Abend in der Küche stehen. Sie müssen auch nicht jeden Tag, sondern können auf Vorrat kochen und das Futter portionsweise im Kühlschrank oder Gefrierschrank aufbewahren. Kochen Sie aber immer mit frischen Zutaten: Bereits einmal eingefrorene Lebensmittel dürfen nicht erneut eingefroren werden.

DIE EINZELNEN ZUTATEN LAGERN

Gekochtes Fleisch und gekochter Fisch können eingefroren, im Kühlschrank aufbewahrt oder vakuumverpackt werden. Im Kühlschrank lässt sich beides drei bis vier Tage oder, wenn vakuumiert, bis zu sieben Tage aufbewahren, im Gefrierschrank etwa drei Monate.

Gekochte Eier lassen sich bis zu einer Woche im Kühlschrank lagern, müssen aber innerhalb von zwei Stunden nach dem Kochen gekühlt werden. Einfrieren ist nicht ratsam, da das die Eiweißkonsistenz verändert.

Kohlenhydrate können im Kühlschrank resistente Stärke (RS) bilden. Um das zu vermeiden, ist es ratsam, das Lebensmittel vor dem Kühlen oder Einfrieren zu waschen. Kartoffeln sollten täglich nach Bedarf gekocht und verfüttert werden, bevor sie vollständig abgekühlt sind.

Gekochtes Gemüse sollte man nicht länger als zwei bis drei Tage in Glasbehältern oder Plastiktüten aufbewahren. Wenn Sie es einfrieren möchten, tupfen Sie es mit Küchenkrepp trocken und geben es anschließend in Plastiktüten. So kann es bis zu zehn Monate gelagert werden.

TIPPS ZUM EINFRIEREN

Frieren Sie das Futter nach dem Zubereiten so schnell wie möglich ein, um die Ausbreitung von Bakterien zu verhindern (das gilt auch für die Lagerung im Kühlschrank). Teilen Sie das Futter in kleine Portionen auf, sodass es schneller abkühlt, und füllen Sie es in luftdichte Behälter oder Plastikbeutel. Spülen Sie die Portionen dann mit kaltem Wasser ab oder legen Sie sie in einen eisgefüllten Behälter, bis das Futter Zimmertemperatur erreicht hat. Trocknen Sie anschließend den Behälter und geben Sie alles in den Gefrierschrank (oder Kühlschrank).

Bewahren Sie Futter, das eingefroren werden soll, in Plastiktüten oder speziellen Behältern auf und kennzeichnen Sie sie bezüglich Inhalt und Einfrierzeitpunkt. So vermeiden Sie, dass Futter zu lange im Gefrierschrank liegt – und verwechseln es nicht mit Ihrer eigenen Portion Lasagne!

Das Futter sollte immer schrittweise aufgetaut werden: Am besten wandert es aus dem Gefrierschrank in den Kühlschrank, wo die Bakterien weniger aktiv sind als auf der Arbeitsfläche. Dies gilt insbesondere für verderbliche Zutaten wie Fleisch und Fisch.

DIE REZEPTE

Aufbau der Rezepte

Alle Rezepte in diesem Buch sind in weniger als 40 Minuten zubereitet und lassen sich im Kühlschrank drei bis vier Tage und im Gefrierschrank bis zu drei Monate aufbewahren. Mehr Informationen zur Lagerung des Futters finden Sie auf Seite 34. Die Zutaten sind alle beim Metzger oder im Supermarkt erhältlich, auch wenn einige Fleischsorten (Innereien) eventuell etwas schwieriger zu bekommen sind. Ersetzen Sie in diesen Fällen die Zutaten nicht durch andere – es gibt viele Rezepte mit Fleisch, das leicht zu besorgen ist. Jedes Rezept hat eine leicht verständliche Legende, die die Hauptzutaten und Ernährungsanforderungen zeigt, zum Beispiel Light-Rezepte für Hunde, die abnehmen müssen, oder proteinreiche Rezepte für aktive Hunde.

Bei jedem Rezept wird die empfohlene Portionsmenge basierend auf dem Gewicht des Hundes angegeben, ebenso wie die Kalorien je 100 g. Eine detailliertere Nährwertaufschlüsselung für jedes Rezept finden Sie im Kapitel Nährwerte ab Seite 124. Alle Rezepte sind auf die Bedürfnisse eines kastrierten Hundes ausgerichtet. Mehr dazu finden Sie auf Seite 175.

REZEPTLEGENDE

ROTES FLEISCH – Rezepte mit Rind, Lamm oder Schwein
GEFLÜGEL – Rezepte mit Huhn oder Ente
GEMÜSE – Rezepte ohne Fleisch, aber mit Milchprodukten
FISCH – Rezepte mit Fisch oder Meeresfrüchten
VEGAN – Rezepte ohne Fleisch, Eier oder Milchprodukte
GETREIDEFREI – Rezepte ohne Weizen oder Gluten
ENERGIEREICH – Rezepte mit hohem Proteingehalt für aktive oder Arbeitshunde
WILD – Rezepte mit Wildfleisch, zum Beispiel Reh
LIGHT – Rezepte für ältere, weniger aktive oder übergewichtige Hunde

NAHRUNGSERGÄNZUNGEN

Jedes Rezept enthält empfohlene, im Handel erhältliche Nahrungsergänzungen, damit die Ernährungsbedürfnisse Ihres Hundes sicher erfüllt werden. Der Genauigkeit halber empfehlen wir dringend, diese in Gramm abzumessen. Weitere Informationen finden Sie auf Seite 208.

LEGENDE

ROTES FLEISCH 

GEFLÜGEL 

GEMÜSE 

FISCH 

VEGAN 

GETREIDEFREI 

ENERGIEREICH 

WILD 

LIGHT 

WELPEN

Karottenrisotto mit gebratenem Rindfleisch

ZUTATEN

1 KG FUTTER

weißer Reis	185 g
Karotten, in Scheiben	115 g
mageres Rindfleisch, geschnitten	485 g
Rindermilz, geschnitten	165 g
Lachsöl	½ EL
Leinöl	1 ¼ EL
Nahrungsergänzung (Seite 208)	23 g

GEWICHT ERWACHSENER HUND: 3 KG

GEWICHT WELPE	FUTTERMENGE
0,5 kg	85 g
1 kg	130 g
2 kg	175 g

GEWICHT ERWACHSENER HUND: 10 KG

GEWICHT WELPE	FUTTERMENGE
3 kg	310 g
6 kg	435 g
9 kg	475 g

GEWICHT ERWACHSENER HUND: 25 KG

GEWICHT WELPE	FUTTERMENGE
5 kg	430 g
10 kg	610 g
15 kg	755 g
20 kg	745 g

GEWICHT ERWACHSENER HUND: 40 KG

GEWICHT WELPE	FUTTERMENGE
5 kg	430 g
10 kg	680 g
15 kg	830 g
20 kg	950 g
30 kg	1,27 kg
35 kg	1,13 kg

ENERGIE

(pro 100 g):	170 Kalorien

NÄHRWERTE SEITE 130

ZUBEREITUNG

Den Reis in reichlich Wasser mindestens 20 Minuten kochen (oder 5 Minuten länger als angegeben), bis er sehr weich ist.

Die Karottenscheiben in einen Dampfgarer geben oder in ein Sieb, das in einen gut abgedeckten Topf mit kochendem Wasser eingehängt wird. 5–8 Minuten dünsten, bis sie gar sind. Abkühlen lassen, pürieren und mit dem Reis vermischen.

Rindfleisch und Milz ohne Fett in einer Grillpfanne ca. 5 Minuten anbraten, dabei nicht braun werden lassen (bei Bedarf etwas Wasser hinzufügen). Abkühlen lassen, cremig pürieren, dann die Öle und die Nahrungsergänzung untermischen.

Das Fleisch in den Napf und das Karottenrisotto obenauf geben.

TIPP

Soll dieses Futter eingefroren werden, kocht man die Karotten mit dem Reis und mischt vor dem Einfrieren das gewürfelte, gegarte Fleisch unter. Öle und die Nahrungsergänzung werden erst vor dem Verfüttern in das Risotto gegeben.

VARIANTE

Statt Milz kann auch Lunge verwendet werden.

BLICKPUNKT GESUNDHEIT

Milz ist reich an Eisen, einem im Wachstum lebensnotwendigen Mineral. Der Eisenbedarf eines Welpen ist etwa dreimal höher als beim erwachsenen Hund.

HINWEIS ZU NAHRUNGSERGÄNZUNGEN

In diesem Rezept kann das Balance IT durch die gleiche Menge Complete Q.diet ersetzt werden oder durch 20% mehr Balance Trovet + ½ Tablette VMP Zoetis je 3 g Nahrungsergänzung.

Nudeln mit Karottensauce und Huhn

ZUTATEN

1 KG FUTTER

Hartweizennudeln	225 g
Hühnerbrust oder -keule	50 g
Karotten, geschnitten	120 g
Hühnerleber, geschnitten	120 g
Lachsöl	1 TL
Sonnenblumenöl	1 ½ EL
Nahrungsergänzung (Seite 208)	24 g

GEWICHT ERWACHSENER HUND: 3 KG

GEWICHT WELPE	FUTTERMENGE
0,5 kg	80 g
1 kg	120 g
2 kg	175 g

GEWICHT ERWACHSENER HUND: 10 KG

GEWICHT WELPE	FUTTERMENGE
3 kg	265 g
6 kg	365 g
9 kg	400 g

GEWICHT ERWACHSENER HUND: 25 KG

GEWICHT WELPE	FUTTERMENGE
5 kg	420 g
10 kg	590 g
15 kg	730 g
20 kg	720 g

GEWICHT ERWACHSENER HUND: 40 KG

GEWICHT WELPE	FUTTERMENGE
5 kg	420 g
10 kg	650 g
15 kg	805 g
20 kg	920 g
30 kg	1,23 kg
35 kg	1,1 kg

ENERGIE

(pro 100 g):	179 Kalorien

NÄHRWERTE SEITE 132

ZUBEREITUNG

Die Nudeln in reichlich Wasser mindestens 5 Minuten länger kochen als angegeben, bis sie sehr weich sind. Wird im Voraus gekocht oder sollen die Nudeln gekühlt gelagert oder eingefroren werden, sind sie unter fließendem Wasser abzuspülen.

Das Huhn in einen Dampfgarer geben oder in ein Sieb, das in einen gut abgedeckten Topf mit kochendem Wasser eingehängt wird. 8–10 Minuten dünsten, bis alles gar ist. Die Karotten 5–8 Minuten dünsten, abkühlen lassen und zu einem Brei verrühren. Mit den Nudeln vermengen, dabei mit etwas Nudelwasser strecken. Das Huhn ganz klein schneiden.

Die Leber ohne Fett in einer Grillpfanne ca. 2 Minuten auf beiden Seiten anbraten, dabei nicht braun werden lassen (bei Bedarf etwas Wasser hinzufügen). Abkühlen lassen, sehr fein schneiden und mit dem Huhn vermengen.

Die Nudeln mit der Karottensauce und das Huhn mit der Leber nebeneinander in den Napf geben und die Öle und die Nahrungsergänzung hinzufügen.

TIPP

Soll dieses Futter eingefroren werden, gibt man die Öle und die Nahrungsergänzung erst direkt vor dem Verfüttern hinzu.

VARIANTE

Statt Karotten sorgt die gleiche Menge Zucchini oder Kürbis oder die halbe Menge Chicorée für Abwechslung.

BLICKPUNKT GESUNDHEIT

Welpen haben einen hohen Kalziumbedarf. Es darf jedoch nicht zu viel gegeben werden, da ein Kalziumüberschuss vor allem bei größeren Rassen schaden kann.

HINWEIS ZU NAHRUNGSERGÄNZUNGEN

In diesem Rezept kann das Balance IT durch die gleiche Menge Complete Q.diet oder auch die gleiche Menge Balance Trovet ersetzt werden.

Fleischreis-Timbale mit Kürbis

ZUTATEN

1 KG FUTTER

weißer Reis	150 g
Schweinenacken oder -schulter	340 g
Schweinemilz	190 g
Schweineherz	190 g
Lachsöl	1 TL
Leinöl	1 EL
Nahrungsergänzung (Seite 208)	22 g
Kürbis, gewürfelt	90 g

GEWICHT ERWACHSENER HUND: 3 KG

GEWICHT WELPE	FUTTERMENGE
0,5 kg	75 g
1 kg	110 g
2 kg	160 g

GEWICHT ERWACHSENER HUND: 10 KG

GEWICHT WELPE	FUTTERMENGE
3 kg	270 g
6 Kg	380 g
9 kg	410 g

GEWICHT ERWACHSENER HUND: 25 KG

GEWICHT WELPE	FUTTERMENGE
5 kg	445 g
10 kg	620 g
15 kg	775 g
20 kg	750 g

GEWICHT ERWACHSENER HUND: 40 KG

GEWICHT WELPE	FUTTERMENGE
5 kg	440 g
10 kg	695 g
15 kg	850 g
20 kg	975 g
30 kg	1,3 kg
35 kg	1,17 kg

ENERGIE

(pro 100 g):	171 Kalorien

NÄHRWERTE SEITE 134

ZUBEREITUNG

Den Reis in reichlich Wasser mindestens 20 Minuten kochen (oder 5 Minuten länger als angegeben), bis er sehr weich ist. Abtropfen und abkühlen lassen.

Schweinefleisch, Milz und Herz ohne Fett in einer Grillpfanne ca. 2 Minuten auf beiden Seiten anbraten, dabei nicht braun werden lassen (bei Bedarf etwas Wasser hinzufügen). Abkühlen lassen, sehr klein würfeln und die Öle und die Nahrungsergänzung untermischen.

Den gewürfelten Kürbis dünsten.

Aus der Hälfte des Reises einen Ring formen. Zuerst das Fleisch darüberschichten, dann den Kürbis und zum Schluss den restlichen Reis.

TIPP

Der Kürbis kann mit dem Reis gekocht, dann mit dem Fleisch vermengt und eingefroren werden. Die Öle und die Nahrungsergänzung werden erst direkt vor dem Verfüttern hinzugegeben.

VARIANTE

Statt Innereien vom Schwein kann die gleiche Menge Innereien vom Rindfleisch verwendet werden.

BLICKPUNKT GESUNDHEIT

Durch den hohen Nährstoffgehalt von Innereien lässt sich die Nahrungsergänzung reduzieren.

HINWEIS ZU NAHRUNGSERGÄNZUNGEN

In diesem Rezept kann das Balance IT durch die gleiche Menge Complete Q.diet ersetzt werden oder durch die gleiche Menge Balance Trovet + ¼ Tablette VMP Zoetis je 3 g Nahrungsergänzung.

ERWACHSENE HUNDE

Nudeln mit Sojabohnen und knackigem Apfel

ZUTATEN

1 KG FUTTER

Hartweizennudeln	130 g
Erbsen aus der Dose	130 g
Sojabohnen aus der Dose	315 g
Sonnenblumenöl	2 EL, plus 7 TL
Leinöl	5 TL
Vegane Nahrungsergänzung (Seite 208)	95 g
Bierhefe	2 EL
Nahrungsergänzung (Seite 208)	5 EL/38 g
Apfel, ungeschält, geraspelt	190 g

GEWICHT

HUND	FUTTERMENGE
5 kg	160 g
10 kg	270 g
15 kg	360 g
20 kg	445 g
30 kg	605 g
40 kg	755 g

ENERGIE

(pro 100 g):	220 Kalorien

NÄHRWERTE SEITE 138

ZUBEREITUNG

Die Nudeln in reichlich Wasser mindestens 5 Minuten länger kochen als angegeben, bis sie sehr weich sind.

Erbsen und Sojabohnen pürieren, mit den Nudeln vermengen und die Öle, Nahrungsergänzung und Hefe dazugeben.

Die Nudeln in den Napf geben und den geraspelten Apfel darüberstreuen.

TIPP

Wird im Voraus gekocht oder sollen die Nudeln gekühlt gelagert oder eingefroren werden, sind sie unter fließendem Wasser abzuspülen. Apfel kann dem Hund als Snack gegeben werden.

VARIANTE

Im Frühjahr frische Erbsen verwenden statt Erbsen aus der Dose. Soll das Futter nicht eingefroren werden, Tiefkühlware statt Dosen verwenden, da sie kein zusätzliches Salz enthält. Zur Abwechslung können die Erbsen durch die gleiche Menge Kichererbsen ersetzt werden.

BLICKPUNKT GESUNDHEIT

Bierhefe ist einer der besten natürlichen Lieferanten für Vitamin B1, das die Krallen und die Haut des Hundes gesund erhält, sein Fell glänzen lässt und sein Immun- und Nervensystem stärkt.

Gemüse-Käse-Reisbällchen

ZUTATEN

1 KG FUTTER

weißer Reis	160 g
Erbsen aus der Dose	155 g
Sojabohnen aus der Dose	155 g
Sonnenblumenöl	4 TL
Nahrungsergänzung (Seite 208)	2¾ EL/21 g
Eier	5 Gr. XL/275 g
Hüttenkäse, 10% Fett	210 g

GEWICHT

HUND	FUTTERMENGE
5 kg	195 g
10 kg	320 g
15 kg	440 g
20 kg	540 g
30 kg	735 g
40 kg	915 g

ENERGIE

(pro 100 g):	155 Kalorien

NÄHRWERTE SEITE 138

ZUBEREITUNG

Den Reis in reichlich Wasser mindestens 20 Minuten kochen (oder 5 Minuten länger als angegeben), bis er sehr weich ist. Abtropfen, aber leicht feucht lassen. Leicht festdrücken und abkühlen lassen.

Die Erbsen und die Sojabohnen pürieren, mit Reis, Öl und der Nahrungsergänzung vermengen und die gesamte Masse zu Kugeln formen.

Die Eier in 6 Minuten weich kochen, sodass das Eiweiß fest und das Eigelb flüssig ist. Abkühlen lassen und schälen.

Den Hüttenkäse in den Napf geben, die Eier obenauf legen und die Reisbällchen an den Rand.

TIPP

Soll das Futter zusammen mit den Eiern einige Tage im Kühlschrank gelagert werden, wird der Käse mit dem Gemüse und dem Reis verrührt. Reis, Käse und Gemüse lassen sich einfrieren, die Eier müssen jedoch vor dem Verfüttern frisch zubereitet werden.

VARIANTE

Statt Erbsen kann die gleiche Menge Linsen verwendet werden.

BLICKPUNKT GESUNDHEIT

Bei Hunden mit Harnsäuresteinproblemen eignet sich dieses Futter gut, um eine Neubildung zu verhindern.

Nudeln mit Sojafrikadellen und Eiern

ZUTATEN

1 KG FUTTER

Hartweizennudeln	165 g
Sojabohnen aus der Dose	435 g
Schafs-Ricotta	215 g
Eier	5 Gr. L/145 g
Sonnenblumenöl	2½ TL
Nahrungsergänzung (Seite 208)	3⅔ EL/27 g

GEWICHT

HUND	FUTTERMENGE
5 kg	185 g
10 kg	310 g
15 kg	420 g
20 kg	520 g
30 kg	705 g
40 kg	875 g

ENERGIE

(pro 100 g):	164 Kalorien

NÄHRWERTE SEITE 139

ZUBEREITUNG

Die Nudeln in reichlich Wasser mindestens 5 Minuten länger kochen als angegeben, bis sie sehr weich sind.

Die Sojabohnen pürieren, mit dem Ricotta vermengen und zu Kugeln formen.

Die Eier weich kochen, sodass das Eiweiß fest und das Eigelb flüssig ist. Abkühlen lassen und schälen. Da Eier sich im Kühlschrank bis zu einer Woche halten, ist es unproblematisch, wenn, je nach Gewicht des Hundes, die Ernährungsempfehlung bei weniger als einem Ei pro Tag liegt.

Die Nudeln mit dem Öl und der Nahrungsergänzung vermengen. Die Frikadellen im Napf dazugeben und die Eier an den Rand legen.

TIPP

Die Nudeln mit dem Käse und den Sojafrikadellen vermengen und die Eier getrennt zubereiten. Die Futtermischung lässt sich dann mehrere Tage im Kühlschrank lagern.

VARIANTE

Statt Ricotta kann die doppelte Menge Kefir verwendet werden.

BLICKPUNKT GESUNDHEIT

Ungekochte Sojabohnen müssen mehrere Stunden oder besser über Nacht in Wasser eingeweicht und anschließend gekocht werden, bis sie weich sind. Nicht ausreichend gekocht können sie der Gesundheit des Hundes schaden.

Reis mit Zucchini

ZUTATEN

1 KG FUTTER

Naturreis	175 g
Zucchini, in Scheiben	305 g
Hühnerbrust oder -keule	250 g
Kabeljau, geschnitten	250 g
Maiskeimöl	2½ TL
Nahrungsergänzung (Seite 208)	2 EL/15 g

GEWICHT

HUND	FUTTERMENGE
5 kg	260 g
10 kg	440 g
15 kg	600 g
20 kg	740 g
30 kg	1 kg
40 kg	1,25 kg

ENERGIE

(pro 100 g):	115 Kalorien

NÄHRWERTE SEITE 139

ZUBEREITUNG

Den Naturreis in reichlich Wasser mindestens 20 Minuten kochen (oder 5 Minuten länger als angegeben), bis er sehr weich ist.

Die Zucchini 5–8 Minuten kochen oder bis sie gar sind. Abtropfen und abkühlen lassen, dann cremig pürieren.

Huhn und Kabeljau in einen Dampfgarer geben oder in ein Sieb, das in einen gut abgedeckten Topf mit kochendem Wasser eingehängt wird. 8–10 Minuten dünsten, bis alles gar ist. Der Fisch darf keine Gräten enthalten. Abkühlen lassen.

Huhn und Fisch mit dem Reis vermengen, das Öl und die Nahrungsergänzung unterrühren und die Beilage dazugeben. Das Risotto im Napf auf die Zucchinicreme geben.

TIPP

Zum Kühllagern oder Einfrieren Fleisch, Fisch und Zucchini klein geschnitten zusammen kochen, abtropfen lassen und zum Reis geben. Öl und Nahrungsergänzung erst direkt vor dem Füttern hinzufügen.

VARIANTE

Statt Kabeljau kann Seehecht oder Scholle verwendet werden.

BLICKPUNKT GESUNDHEIT

Dieses Rezept eignet sich für Hunde mit Gastritis. Mit weit unter 15% Fett reizt es den Magen nicht.

Geschichteter Reis mit Fisch und Gemüse

ZUTATEN

1 KG FUTTER

weißer Reis	165 g
Seehecht, ohne Haut, geschnitten	585 g
grüne Bohnen	185 g
Maiskeimöl	3 EL
Nahrungsergänzung (Seite 208)	2½ EL/19 g

GEWICHT

HUND	FUTTERMENGE
5 kg	215 g
10 kg	360 g
15 kg	490 g
20 kg	610 g
30 kg	825 g
40 kg	1 kg

ENERGIE

(pro 100 g):	141 Kalorien

NÄHRWERTE SEITE 140

ZUBEREITUNG

Den Reis in reichlich Wasser mindestens 20 Minuten kochen (oder 5 Minuten länger als angegeben), bis er sehr weich ist. Abtropfen und abkühlen lassen.

Den Seehecht in einen Dampfgarer geben oder in ein Sieb, das in einen gut abgedeckten Topf mit kochendem Wasser eingehängt wird. 8–10 Minuten dünsten, bis der Fisch gar ist. Der Fisch darf keine Gräten enthalten.

Die grünen Bohnen kochen, abtropfen und abkühlen lassen.

Mit den grünen Bohnen die unterste Schicht legen, darauf eine Schicht Reis und abschließend den Seehecht. Mit dem Öl beträufeln und die Nahrungsergänzung hinzufügen.

TIPP

Die grünen Bohnen können auch klein geschnitten und mit dem Reis gekocht werden. Den gekochten Seehecht verrührt oder zerbröckelt dazugeben. Das Öl und die Nahrungsergänzung erst direkt vor dem Füttern hinzufügen.

BLICKPUNKT GESUNDHEIT

Wenn der Hund an Gewicht verliert, den weißen Reis durch Naturreis ersetzen. Sehr gut geeignet bei Gastritis, um den Hund wieder auf die Beine zu bringen.

Puffreisbratlinge

ZUTATEN

1 KG FUTTER

Puffreis	190 g
mageres Kalbfleisch, geschnitten	315 g
frische ganze Sardinen	190 g
grüne Bohnen	220 g
Nahrungsergänzung (Seite 208)	3⅓ EL/25 g
Sonnenblumenöl	4½ EL

GEWICHT

HUND	FUTTERMENGE
5 kg	160 g
10 kg	270 g
15 kg	360 g
20 kg	450 g
30 kg	610 g
40 kg	760 g

ENERGIE

(pro 100 g):	190 Kalorien

NÄHRWERTE SEITE 140

ZUBEREITUNG

Den Puffreis 10–15 Minuten in Wasser einweichen. Das Kalbfleisch in einen Dampfgarer geben oder in ein Sieb, das in einen gut abgedeckten Topf mit kochendem Wasser eingehängt wird. 8–10 Minuten dünsten, bis das Fleisch gar ist. Abkühlen lassen und fein schneiden.

Die Sardinen ohne Fett in einer Grillpfanne ca. 2 Minuten auf beiden Seiten anbraten, dabei nicht braun werden lassen. Abkühlen lassen und fein schneiden – so sind die Gräten kein Problem für den Hund.

Die Bohnen kochen, abtropfen und abkühlen lassen. Den Puffreis abtropfen lassen.

Puffreis, Fleisch und Sardinen vermengen, die Nahrungsergänzung dazugeben und kleine Kugeln formen. Mit den Handflächen flach drücken und zum Füttern die grünen Bohnen mit dem Öl vermengen.

TIPP

Soll die Zubereitungszeit verkürzt werden, die grünen Bohnen mit dem Fleisch kochen, beides fein schneiden und mit den Sardinen und dem Reis mischen. Das Öl und die Nahrungsergänzung erst direkt vor dem Füttern dazugeben.

VARIANTE

Statt Sardinen können frische Anschovis verwendet werden.

BLICKPUNKT GESUNDHEIT

Fettfisch ist eine wichtige Quelle für mehrfach ungesättigte Omega-3-Fettsäuren.

Kabeljau-Kartoffel-Auflauf

ZUTATEN

1 KG FUTTER

Kabeljau, in kleine Stücke geschnitten	510 g
Kartoffeln, geschält und gewürfelt	440 g
Sonnenblumenöl	2½ EL
Nahrungsergänzung (Seite 208)	2 EL/14 g

GEWICHT

HUND	FUTTERMENGE
5 kg	295 g
10 kg	495 g
15 kg	670 g
20 kg	830 g
30 kg	1,1 kg
40 kg	1,4 kg

ENERGIE

(pro 100 g): 103 Kalorien

NÄHRWERTE SEITE 141

ZUBEREITUNG

Den Kabeljau in einen Dampfgarer geben oder in ein Sieb, das in einen gut abgedeckten Topf mit kochendem Wasser eingehängt wird. 8–10 Minuten dünsten, bis der Fisch gar ist. Abkühlen lassen und fein schneiden.

Die Kartoffeln in reichlich Wasser kochen. Abtropfen und abkühlen lassen, dann mit einer Gabel gut zerdrücken.

Den Fisch mit den Stampfkartoffeln vermengen. Vor dem Füttern das Öl und die Nahrungsergänzung dazugeben.

TIPP

Futter mit Kartoffeln wird am besten täglich frisch zubereitet, damit es nicht eingefroren werden muss.

VARIANTE

Statt Kartoffeln kann die gleiche Menge Süßkartoffeln verwendet werden.

BLICKPUNKT GESUNDHEIT

Dieses Rezept ist ideal für Ausschlussdiäten, um Futtermittelunverträglichkeiten zu erkennen.

Puten-Reis-Bällchen

ZUTATEN

1 KG FUTTER

weißer Reis	220 g
Putenbrust ohne Haut, geschnitten	445 g
Karotten, geschnitten	110 g
Zucchini, in Scheiben	140 g
Sonnenblumenöl	2 EL
Beeren (Blaubeeren, Goji-Beeren)	30 g
Nahrungsergänzung (Seite 208)	3 EL/22 g

GEWICHT

HUND	FUTTERMENGE
5 kg	180 g
10 kg	300 g
15 kg	410 g
20 kg	510 g
30 kg	690 g
40 kg	860 g

ENERGIE

(pro 100 g):	168 Kalorien

NÄHRWERTE SEITE 141

ZUBEREITUNG

Den Reis in reichlich Wasser mindestens 20 Minuten kochen (oder 5 Minuten länger als angegeben), bis er sehr weich ist. Abtropfen, aber nicht ganz abtrocknen lassen, dann zerdrücken und abkühlen lassen.

Putenbrust und Karotten in einen Dampfgarer geben oder in ein Sieb, das in einen gut abgedeckten Topf mit kochendem Wasser eingehängt wird. 8–10 Minuten dünsten, bis alles gar ist. Abkühlen lassen und fein schneiden.

Die Zucchini 5–8 Minuten kochen. Abtropfen und abkühlen lassen.

Reis, Fleisch und Karotten mit dem Öl vermischen. Die Beeren und die Nahrungsergänzung dazugeben, zu Bällchen formen und mit den Zucchini verfüttern.

TIPP

Für die Zubereitung im Voraus und zum Einfrieren die Zucchini mit den Karotten und dem Fleisch kochen und zu den Bällchen dazugeben.

VARIANTE

Für Abwechslung beim Geschmack die Hälfte der Pute durch die doppelte Menge Kabeljau ersetzen.

BLICKPUNKT GESUNDHEIT

Im Haarwechsel die Hälfte des Sonnenblumenöls durch Leinöl ersetzen: Es ist reich an Omega-3- und Omega-6-Fettsäuren und sorgt für glänzenderes Fell.

Puten-Ricotta-Nocken

ZUTATEN

1 KG FUTTER

Puffreis	170 g
Putenbrust ohne Haut, geschnitten	335 g
Ricotta	225 g
Sonnenblumenöl	1½ EL
Nahrungsergänzung (Seite 208)	3 EL/22 g
Karotten, geraspelt	225 g

GEWICHT

HUND	FUTTERMENGE
5 kg	180 g
10 kg	300 g
15 kg	400 g
20 kg	500 g
30 kg	680 g
40 kg	845 g

ENERGIE

(pro 100 g):	163 Kalorien

NÄHRWERTE SEITE 142

ZUBEREITUNG

Den Puffreis 10–15 Minuten in Wasser einweichen. Die Putenbrust in einen Dampfgarer geben oder in ein Sieb, das in einen gut abgedeckten Topf mit kochendem Wasser eingehängt wird. 8–10 Minuten dünsten, bis das Fleisch gar ist. Abkühlen lassen und fein schneiden.

Pute und Ricotta vermengen. Puffreis, Sonnenblumenöl und die Nahrungsergänzung dazugeben. Zu Nocken oder eiförmigen Klößchen formen.

Die geriebenen Karotten in den Napf geben und die Nocken obenauf legen.

TIPP

Für die Zubereitung im Voraus und zum Einfrieren die Karotten (in Scheiben) zusammen mit der Putenbrust garen und mit einer Gabel zerdrücken. Fleisch und Ricotta fein schneiden und zum Puffreis geben. Das Öl und die Nahrungsergänzung erst direkt vor dem Füttern hinzufügen.

VARIANTE

Die Hälfte des Ricottas kann durch fettarmen Joghurt ersetzt werden, wenn der Hund das mag. Das Rezept ist so weniger gehaltvoll.

BLICKPUNKT GESUNDHEIT

Wird der Ricotta ganz durch Joghurt ersetzt, reduziert sich die Fettmenge um 9%. Das Rezept eignet sich dann gut für körperlich wenig aktive Hunde.

Haferflocken mit Pute und Kartoffeln

ZUTATEN

1 KG FUTTER

Haferflocken	120 g
Putenbrust ohne Haut	440 g
Kartoffeln, geschält und gewürfelt	245 g
Kefir	145 ml
Sonnenblumenöl	5 TL
Nahrungsergänzung (Seite 208)	3⅓ EL/24 g

GEWICHT

HUND	FUTTERMENGE
5 kg	205 g
10 kg	345 g
15 kg	465 g
20 kg	580 g
30 kg	785 g
40 kg	975 g

ENERGIE

(pro 100 g):	147 Kalorien

NÄHRWERTE SEITE 142

ZUBEREITUNG

Die Haferflocken in reichlich Wasser mindestens 5 Minuten länger kochen als angegeben, bis sie sehr weich sind. Das meiste Wasser abgießen, bis ein Brei übrig bleibt. Abkühlen lassen.

Die Putenbrust ohne Fett in einer Grillpfanne anbraten, dabei nicht braun werden lassen (bei Bedarf etwas Wasser hinzufügen). Abkühlen lassen, fein schneiden und zu den Haferflocken geben.

Die Kartoffeln in einen Dampfgarer geben oder in ein Sieb, das in einen gut abgedeckten Topf mit kochendem Wasser eingehängt wird. 10 Minuten dünsten, bis sie gar sind. Abkühlen lassen und mit dem Kefir zerdrücken.

Das Öl und die Nahrungsergänzung zu den Haferflocken und zur Pute geben und mit den Kefir-Kartoffeln verfüttern.

TIPP

Wird die Pute mit den Kartoffeln gedünstet, kann alles fein geschnitten zu den Haferflocken gegeben und eingefroren werden. Nach dem Auftauen Kefir, Öl und die Nahrungsergänzung dazugeben.

VARIANTE

Statt Haferflocken können Gerstenflocken verwendet werden.

BLICKPUNKT GESUNDHEIT

In das Futter geschmuggelte Getreideflocken (Dinkel, Hafer oder Hirse) liefern Ballaststoffe, die bei Verstopfung helfen.

Polenta mit Cheddar und Huhn

ZUTATEN

1 KG FUTTER

Hühnerbrust oder -keule	200 g
Kürbis, fein gewürfelt	205 g
Hühnerleber, gesäubert	135 g
Polentagrieß	200 g
Cheddar, gerieben	200 g
Sonnenblumenöl	3 EL
Nahrungsergänzung (Seite 208)	3⅔ EL/34 g

GEWICHT

HUND	FUTTERMENGE
5 kg	150 g
10 kg	250 g
15 kg	340 g
20 kg	420 g
30 kg	570 g
40 kg	710 g

ENERGIE

(pro 100 g):	203 Kalorien

NÄHRWERTE	SEITE 143

ZUBEREITUNG

Hühnerfleisch und Kürbis in einen Dampfgarer geben oder in ein Sieb, das in einen gut abgedeckten Topf mit kochendem Wasser eingehängt wird. 8–10 Minuten dünsten, bis alles gar ist. Abkühlen lassen und fein schneiden.

Die Hühnerleber ohne Fett in einer Grillpfanne ca. 2 Minuten auf beiden Seiten anbraten, dabei nicht braun werden lassen (bei Bedarf etwas Wasser hinzufügen). Abkühlen lassen, fein schneiden und zum Huhn und dem Kürbis geben.

Den Polentagrieß mindestens 5 Minuten länger kochen als angegeben. Den geriebenen Käse hinzufügen und abkühlen lassen.

Huhn und Kürbis mit dem Öl und der Nahrungsergänzung vermengen und mit der Polenta verfüttern.

VARIANTE

Das Huhn durch die gleiche Menge Wachtel ersetzen.

BLICKPUNKT GESUNDHEIT

Zur Abwechslung statt Hühnerleber die gleiche Menge Eier verwenden. Das Futter enthält dann mehr essenzielle Aminosäuren, die wichtigsten Nahrungsbestandteile zum Erhalt der Muskelmasse.

Gefüllte Reisbällchen römische Art

ZUTATEN

1 KG FUTTER

weißer Reis	140 g
Hühnerbrust, geschnitten	365 g
Sonnenblumenöl	3½ TL
Leinöl	3½ TL
Lachsöl	3½ TL
Parmesan, gerieben	90 g
Maltodextrin	46 g
Nahrungsergänzung (Seite 208)	3¾ EL/28 g
Apfel, ungeschält, geraspelt	275 g

GEWICHT

HUND	FUTTERMENGE
5 kg	220 g
10 kg	365 g
15 kg	500 g
20 kg	620 g
30 kg	835 g
40 kg	1,05 kg

ENERGIE

(pro 100 g):	229 Kalorien

NÄHRWERTE SEITE 143

ZUBEREITUNG

Den Reis in reichlich Wasser mindestens 20 Minuten kochen (oder 5 Minuten länger als angegeben), bis er sehr weich ist. Abtropfen und abkühlen lassen.

Das Hühnerfleisch in einen Dampfgarer geben oder in ein Sieb, das in einen gut abgedeckten Topf mit kochendem Wasser eingehängt wird. 8–10 Minuten dünsten, bis das Fleisch gar ist. Abkühlen lassen und fein schneiden.

Den Reis mit den Ölen und dem Käse vermengen. Das Maltodextrin und die Nahrungsergänzung zum Huhn geben.

Einen gehäuften Esslöffel Reis auf der Arbeitsfläche ausbreiten und etwas Huhn darauf geben. Mit einem weiteren Esslöffel Reis das Fleisch vollständig bedecken. Zu großen, länglichen Bällchen formen und vor dem Füttern mit dem geraspelten Apfel bestreuen.

TIPP

Wenn die Zeit knapp ist, können das Huhn und der Reis zusammen gekocht und dann alle Zutaten einschließlich des geraspelten Apfels miteinander vermengt werden.

VARIANTE

Statt Huhn kann die gleiche Menge Kaninchen verwendet werden.

BLICKPUNKT GESUNDHEIT

Maltodextrin wird vom Organismus leicht aufgenommen, sodass es gut vor einem Spaziergang gegeben werden kann.

Huhn-Apfel-Bällchen

ZUTATEN

1 KG FUTTER

weißer Reis	160 g
Hühnerbrust, geschnitten	460 g
Kürbis, gewürfelt	125 g
Apfel, ungeschält, geraspelt	125 g
Lachsöl	1 EL
Nahrungsergänzung (Seite 208)	3½ EL/26 g
Schweineschmalz	1 EL/14 g
Sonnenblumenöl	2 EL
Leinöl	1 EL
Parmesan, gerieben	35 g

GEWICHT

HUND	FUTTERMENGE
5 kg	155 g
10 kg	260 g
15 kg	350 g
20 kg	440 g
30 kg	595 g
40 kg	750 g

ENERGIE

(pro 100 g): 194 Kalorien

NÄHRWERTE SEITE 144

ZUBEREITUNG

Den Reis in reichlich Wasser mindestens 20 Minuten kochen (oder 5 Minuten länger als angegeben), bis er sehr weich ist. Abkühlen lassen.

Hühnerfleisch und Kürbis in einen Dampfgarer geben oder in ein Sieb, das in einen gut abgedeckten Topf mit kochendem Wasser eingehängt wird. 8–10 Minuten dünsten, bis alles gar ist. Abkühlen lassen und fein schneiden.

Geraspelten Apfel und Huhn vermengen, dann Lachsöl, die Nahrungsergänzung und Schweineschmalz dazugeben. Zu Bällchen formen.

Kürbis und Reis vermengen, Sonnenblumen- und Leinöl und geriebenen Käse dazugeben und zusammen mit den Bällchen verfüttern.

TIPP

Wenn die Zeit knapp ist, können Reis, Huhn und Kürbis zusammen gekocht werden. Vor dem Formen der Bällchen geraspelten Apfel und Käse dazugeben. Die Öle, Schmalz und die Nahrungsergänzung erst direkt vor dem Füttern dazugeben.

VARIANTE

Dieses Rezept kann auch ohne Äpfel zubereitet und als Snack aufbewahrt werden.

BLICKPUNKT GESUNDHEIT

Ungeschälte Äpfel enthalten Ballaststoffe, die wichtig für die Darmflora sind.

Weich gekochtes Ei mit Kürbis und Huhn

ZUTATEN

1 KG FUTTER

weißer Reis	255 g
Kürbis, fein geschnitten	195 g
Hühnerbrust oder -keule	380 g
Ei	1 Gr. L/95 g
Sonnenblumenöl	2 EL
Lachsöl	1½ TL
Nahrungsergänzung (Seite 208)	3⅓ EL/25 g

GEWICHT

HUND	FUTTERMENGE
5 kg	155 g
10 kg	260 g
15 kg	360 g
20 kg	445 g
30 kg	600 g
40 kg	750 g

ENERGIE

(pro 100 g):	192 Kalorien

NÄHRWERTE SEITE 144

ZUBEREITUNG

Reis und Kürbis in reichlich Wasser mindestens 20 Minuten kochen (oder 5 Minuten länger als angegeben), bis der Reis sehr weich ist. Abtropfen und abkühlen lassen.

Das Hühnerfleisch ohne Fett in einer Grillpfanne ca. 8 Minuten anbraten, dabei nicht braun werden lassen (bei Bedarf etwas Wasser hinzufügen). Abkühlen lassen und fein schneiden.

Das Ei in ca. 6 Minuten weich kochen, sodass das Eiweiß fest und das Eigelb flüssig ist. Abkühlen lassen und schälen.

Das Huhn mit Reis und Kürbis vermengen, Sonnenblumen- und Lachsöl und dann die Nahrungsergänzung dazugeben. In den Napf geben und das Ei obenauf legen.

TIPP

Die Futtermischung hält sich ebenso wie das Ei einige Tage im Kühlschrank. Reis, Huhn und Kürbis können auch eingefroren und das Ei direkt vor dem Füttern gekocht werden.

VARIANTE

Für Abwechslung beim Geschmack kann das Ei durch 50 g Fisch oder 40 g Rinderleber ersetzt werden.

BLICKPUNKT GESUNDHEIT

Lachsöl enthält wichtige Fettsäuren wie EPA (Eicosapentaensäure), die entzündungshemmend auf die Gelenke wirken.

Huhn und Schwein mit Gemüsereis

ZUTATEN

1 KG FUTTER

weißer Reis	95 g
grüne Bohnen, fein geschnitten	145 g
Karotten, in Scheiben	145 g
Schweinenacken oder -schulter	440 g
Hühnerklein	145 g
Nahrungsergänzung (Seite 208)	2 EL/14 g
Sonnenblumenöl	1 EL

GEWICHT

HUND	FUTTERMENGE
5 kg	210 g
10 kg	350 g
15 kg	475 g
20 kg	580 g
30 kg	790 g
40 kg	990 g

ENERGIE

(pro 100 g):	145 Kalorien

NÄHRWERTE SEITE 145

ZUBEREITUNG

Den Reis in reichlich Wasser mindestens 20 Minuten kochen (oder 5 Minuten länger als angegeben), bis er sehr weich ist. Abtropfen lassen und abkühlen lassen.

Das Gemüse in einen Dampfgarer geben oder in ein Sieb, das in einen gut abgedeckten Topf mit kochendem Wasser eingehängt wird. 5–8 Minuten dünsten, bis alles gar ist. Abkühlen lassen.

Schweinefleisch und Hühnerklein ohne Fett in einer Grillpfanne ca. 3–5 Minuten anbraten, dabei nicht braun werden lassen (bei Bedarf etwas Wasser hinzufügen). Abkühlen lassen, fein schneiden, mit dem Reis vermengen und die Nahrungsergänzung dazugeben.

Reis und Fleisch zu einer großen Rolle formen und in Scheiben schneiden. Das Öl unter das Gemüse mischen. Zusammen verfüttern.

TIPP

Das gekochte Gemüse kann auch fein geschnitten und zusammen mit dem Reis und dem Fleisch eingefroren werden. Das Öl und die Nahrungsergänzung erst direkt vor dem Füttern hinzufügen.

BLICKPUNKT GESUNDHEIT

Ein hoher Eiweißgehalt hilft, die fettfreie Masse zu erhöhen und den Stoffwechsel zu aktivieren, was gut bei übergewichtigen Hunden ist.

Enten-Quinoa-Salat

ZUTATEN

1 KG FUTTER

Quinoa	250 g
Entenbrust mit Haut	310 g
Karotten	185 g
Zucchini	185 g
Leinöl	5 TL
Sonnenblumenöl	5 TL
natives Olivenöl extra	5 TL
Nahrungsergänzung (Seite 208)	4 EL/31 g

GEWICHT

HUND	FUTTERMENGE
5 kg	160 g
10 kg	265 g
15 kg	370 g
20 kg	460 g
30 kg	620 g
40 kg	775 g

ENERGIE

(pro 100 g):	183 Kalorien

NÄHRWERTE SEITE 145

ZUBEREITUNG

Die Quinoa in reichlich Wasser 5 Minuten länger kochen als angegeben, bis sie sehr weich ist.

In der Zwischenzeit die Entenbrust in einer sehr heißen, fettfreien Grillpfanne ca. 8 Minuten anbraten, bis sie außen braun und innen noch zart ist. Die Haut entfernen und das Fleisch in dünne Streifen schneiden.

Karotten und Zucchini waschen, schälen und in feine Streifen schneiden.

Alle Zutaten vermengen und vor dem Füttern die Öle und die Nahrungsergänzung dazugeben.

VARIANTE

Statt Quinoa kann die dreifache Menge Kartoffeln verwendet werden. Wenn der Hund das Gemüse roh nicht mag, wird es gedünstet und fein geschnitten unter die Quinoa gemischt.

BLICKPUNKT GESUNDHEIT

Quinoa ist ein Pseudogetreide, dessen Proteine sich besonders für Hunde eignen, die Getreideproteine schlecht vertragen.

Kaninchen mit Kartoffeln und Kefir

ZUTATEN

1 KG FUTTER

Kaninchenkeule	405 g
Kartoffeln, gewürfelt	405 g
Kefir	145 ml
Maiskeimöl	2 EL
Nahrungsergänzung (Seite 208)	2 EL/15 g

GEWICHT

HUND	FUTTERMENGE
5 kg	270 g
10 kg	455 g
15 kg	620 g
20 kg	770 g
30 kg	1,13 kg
40 kg	1,3 kg

ENERGIE

(pro 100 g):	111 Kalorien

NÄHRWERTE SEITE 146

ZUBEREITUNG

Das Kaninchenfleisch in einer Grillpfanne ohne Fett ca. 5–8 Minuten anbraten, dabei nicht braun werden lassen (bei Bedarf etwas Wasser hinzufügen). In mundgerechte Stücke schneiden.

Die Kartoffeln in einen Dampfgarer geben oder in ein Sieb, das in einen gut abgedeckten Topf mit kochendem Wasser eingehängt wird. 8–10 Minuten dünsten, bis sie gar sind. Abkühlen lassen und mit dem Kaninchen und dem Kefir vermengen.

Vor dem Füttern das Öl und die Nahrungsergänzung dazugeben.

TIPP

Das Kaninchen kann im Voraus zubereitet und vor dem Einfrieren mit dem Kefir vermengt werden. Die Kartoffeln vor dem Füttern zubereiten.

VARIANTE

Der Kefir kann durch die halbe Menge Ricotta aus Kuhmilch ersetzt werden.

BLICKPUNKT GESUNDHEIT

Die Kartoffeln sollten nicht im Kühlschrank aufbewahrt, sondern frisch gekocht werden. Kohlenhydrate können resistente Stärke bilden. Das passiert auch bei Kartoffeln und macht sie weniger bekömmlich.

Maisnudeln mit Kaninchen

ZUTATEN

1 KG FUTTER

Maisnudeln	180 g
Kürbis, geschält und gewürfelt	210 g
Zucchini, gewürfelt	210 g
Kaninchenkeule	340 g
Maiskeimöl	2 EL, plus 2 TL
Nahrungsergänzung (Seite 208)	2¾ EL/21 g

GEWICHT

HUND	FUTTERMENGE
5 kg	195 g
10 kg	320 g
15 kg	435 g
20 kg	550 g
30 kg	740 g
40 kg	910 g

ENERGIE

(pro 100 g):	159 Kalorien

NÄHRWERTE SEITE 146

ZUBEREITUNG

Die Nudeln in reichlich Wasser 5 Minuten länger kochen als angegeben, bis sie sehr weich sind.

Kürbis und Zucchini in einen Dampfgarer geben oder in ein Sieb, das in einen gut abgedeckten Topf mit kochendem Wasser eingehängt wird. 8–10 Minuten dünsten, bis alles gar ist. Abkühlen lassen und mit einer Gabel zerdrücken.

Das Kaninchen ohne Fett in einer Grillpfanne ca. 8–10 Minuten anbraten, dabei nicht braun werden lassen (bei Bedarf etwas Wasser hinzufügen). Abkühlen lassen und fein schneiden.

Zuerst das Gemüse in den Napf geben, dann die Nudeln und zum Schluss das Kaninchen. Das Öl und die Nahrungsergänzung dazugeben.

TIPP

Das fein geschnittene Kaninchen kann auch zusammen mit dem Kürbis und der Zucchini gekocht werden.

VARIANTE

Ein Teil der Maisnudeln kann durch die gleiche Menge zuckerfreie Cornflakes ersetzt werden.

BLICKPUNKT GESUNDHEIT

Maiskeimöl ist eine ausgezeichnete Quelle für essenzielle Fettsäuren zur Gesunderhaltung des Fells.

Schweinefleisch mit grünen Bohnen

ZUTATEN

1 KG FUTTER

Hartweizennudeln	225 g
Schweinenacken oder -schulter	510 g
getrockneter Rosmarin	1 TL
Schmalz oder Talg	1 EL/17 g
grüne Bohnen	200 g
Sonnenblumenöl	1 EL
Nahrungsergänzung (Seite 208)	3 EL/23 g

GEWICHT

HUND	FUTTERMENGE
5 kg	175 g
10 kg	295 g
15 kg	400 g
20 kg	500 g
30 kg	670 g
40 kg	840 g

ENERGIE

(pro 100 g):	171 Kalorien

NÄHRWERTE SEITE 147

ZUBEREITUNG

Die Nudeln in reichlich Wasser 5 Minuten länger kochen als angegeben, bis sie sehr weich sind.

Das Schweinefleisch ohne Fett in einer Grillpfanne ca. 8–10 Minuten anbraten, dabei nicht braun werden lassen (bei Bedarf etwas Wasser hinzufügen). Abkühlen lassen und fein schneiden. Rosmarin und Schmalz oder Talg hinzufügen.

Die Bohnen in einen Dampfgarer geben oder in ein Sieb, das in einen gut abgedeckten Topf mit kochendem Wasser eingehängt wird. 5–8 Minuten dünsten, bis sie gar sind. Abkühlen lassen und schneiden.

Nudeln und Fleisch vermengen. Mit den Bohnen in den Napf geben und vor dem Füttern das Öl und die Nahrungsergänzung hinzufügen.

TIPP

Die Bohnen können auch klein geschnitten und zu Nudeln und Fleisch gegeben werden. Das Gericht lässt sich so bei Bedarf besser einfrieren. Öl und Nahrungsergänzung erst vor dem Füttern dazugeben.

VARIANTE

Eier sind eine gute Proteinquelle. Füttern Sie zweimal pro Woche 50 g weniger Fleisch und fügen Sie ein weich gekochtes Ei hinzu.

BLICKPUNKT GESUNDHEIT

Schweinefleisch ist eine gute Quelle für Omega-3- und Omega-6-Fettsäuren.

Nudelsalat mit Schweinefleisch, Chicorée und Joghurt

ZUTATEN

1 KG FUTTER

Hartweizennudeln	200 g
Schweinenacken oder -schulter	400 g
Vollmilchjoghurt	6 EL/175 ml
Nahrungsergänzung (Seite 208)	3 EL/23 g
Chicorée	2 Knospen/170 g
Sonnenblumenöl	2¾ EL

GEWICHT

HUND	FUTTERMENGE
5 kg	175 g
10 kg	295 g
15 kg	400 g
20 kg	500 g
30 kg	670 g
40 kg	830 g

ENERGIE

(pro 100 g):	168 Kalorien

NÄHRWERTE SEITE 147

ZUBEREITUNG

Die Nudeln in reichlich Wasser 5 Minuten länger kochen als angegeben, bis sie sehr weich sind.

Das Schweinefleisch ohne Fett in einer Grillpfanne ca. 8–10 Minuten anbraten, dabei nicht braun werden lassen (bei Bedarf etwas Wasser hinzufügen). Abkühlen lassen und fein schneiden. Den Joghurt und die Nahrungsergänzung hinzufügen.

Den Chicorée in reichlich Wasser in 4–5 Minuten gar kochen. Überschüssiges Wasser auspressen. Den Chicorée in Stücke schneiden, zu den Nudeln geben, das Öl untermischen und abkühlen lassen.

Die Nudeln im Napf mit dem Fleisch vermengen.

TIPP

Wird im Voraus gekocht oder sollen die Nudeln gekühlt gelagert oder eingefroren werden, sind sie unter fließendem Wasser abzuspülen.

VARIANTE

Statt Sonnenblumenöl kann Maiskeimöl verwendet werden. Auch das deckt den Bedarf des Hundes an Fettsäuren.

BLICKPUNKT GESUNDHEIT

Wird das Sonnenblumenöl durch die gleiche Menge Lachs- oder Krillöl ersetzt, enthält das Futter mehr von der Fettsäure EPA. Diese sorgt für glänzendes Fell und gesunde Haut mit gutem Feuchtigkeitshaushalt.

Surf-and-Turf-Polenta

ZUTATEN

1 KG FUTTER

Hühnerbrust, fein geschnitten	250 g
Seehecht, fein geschnitten	400 g
grüne Bohnen	100 g
Polentagrieß	200 g
Sonnenblumenöl	4 TL
Flohsamenschalen	3 EL
Nahrungsergänzung (Seite 208)	4 TL/20 g

GEWICHT

HUND	FUTTERMENGE
5 kg	200 g
10 kg	335 g
15 kg	460 g
20 kg	565 g
30 kg	765 g
40 kg	955 g

ENERGIE

(pro 100 g):	147 Kalorien

NÄHRWERTE SEITE 148

ZUBEREITUNG

Hühnerfleisch und Seehecht in einen Dampfgarer geben oder in ein Sieb, das in einen gut abgedeckten Topf mit kochendem Wasser eingehängt wird. 8–10 Minuten dünsten, bis alles gar ist. Nach dem Abkühlen fein schneiden.

Die grünen Bohnen in reichlich Wasser ca. 4–5 Minuten kochen und abkühlen lassen.

Den Polentagrieß mindestens 5 Minuten länger kochen als angegeben. Abkühlen lassen.

Fleisch, Fisch und Sonnenblumenöl vermengen, Flohsamenschalen und die Nahrungsergänzung hinzufügen und zusammen mit der Polenta und den grünen Bohnen in den Napf geben.

TIPP

Die Bohnen können auch geschnitten, zusammen mit dem Fleisch und dem Fisch gedünstet, dann mit der Polenta vermengt und eingefroren werden.

VARIANTE

Die Bohnen können durch 20% mehr Karotten ersetzt werden.

BLICKPUNKT GESUNDHEIT

Flohsamenschalen – die Schalen der Samen bestimmter Wegericharten – sind eine ausgezeichnete Quelle löslicher Ballaststoffe.

Reis-Kartoffel-Ring mit Surf and Turf

ZUTATEN

1 KG FUTTER

weißer Reis	155 g
Kartoffeln, geschnitten	260 g
Kabeljau, gewürfelt	210 g
mageres Kalbfleisch, gewürfelt	315 g
Schweineschmalz	1 EL/21 g
Nahrungsergänzung (Seite 208)	2¾ EL/21 g
Maiskeimöl	4 TL

GEWICHT

HUND	FUTTERMENGE
5 kg	190 g
10 kg	320 g
15 kg	440 g
20 kg	540 g
30 kg	735 g
40 kg	920 g

ENERGIE

(pro 100 g):	161 Kalorien

NÄHRWERTE SEITE 148

ZUBEREITUNG

Reis und Kartoffeln in reichlich Wasser mindestens 20 Minuten kochen (oder 5 Minuten länger als für den Reis angegeben), bis beides sehr weich ist. Abtropfen und abkühlen lassen. Die Kartoffeln zerdrücken.

Kabeljau und Kalbfleisch in einen Dampfgarer geben oder in ein Sieb, das in einen gut abgedeckten Topf mit kochendem Wasser eingehängt wird. 8–10 Minuten dünsten, bis alles gar ist. Nach dem Abkühlen fein schneiden.

Schweineschmalz und die Nahrungsergänzung zu Reis und Kartoffeln, das Öl zu Fleisch und Fisch geben. Reis und Kartoffeln zu einem Ring formen und mit Kabeljau und Kalbfleisch füllen.

TIPP

Für die Zubereitung im Voraus und zum Einfrieren werden alle Zutaten zusammen gekocht und gründlich vermengt. Das Öl und die Nahrungsergänzung erst direkt vor dem Füttern dazugeben.

VARIANTE

Bei einem körperlich aktiven Hund kann das Kalb durch Rind ersetzt werden.

BLICKPUNKT GESUNDHEIT

Hunde leiden selten unter einem hohen Cholesterinspiegel, der zudem nicht mit tierischen Fetten im Futter zusammenhängt. Schweineschmalz ist daher eine ausgezeichnete Energiequelle.

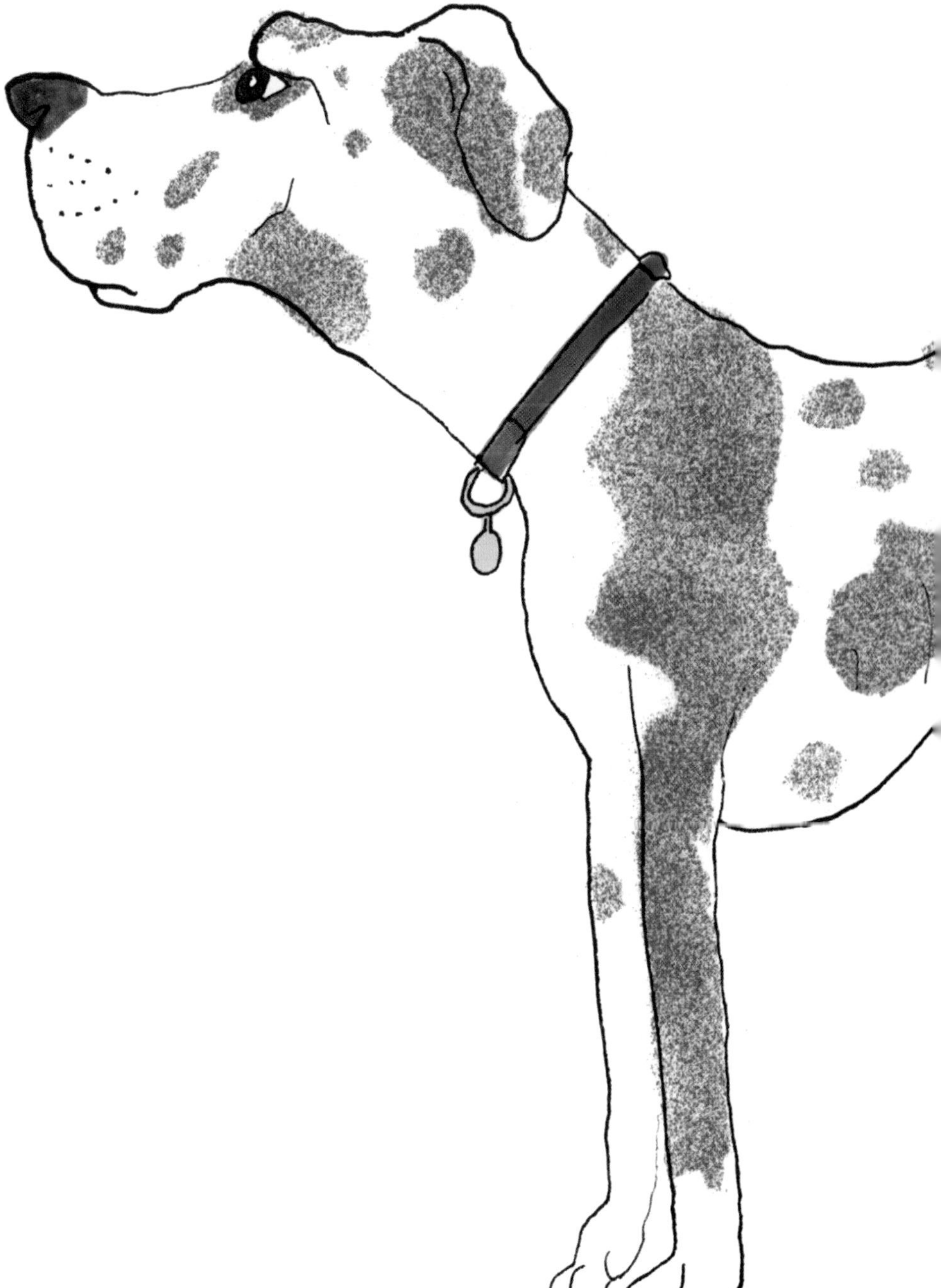

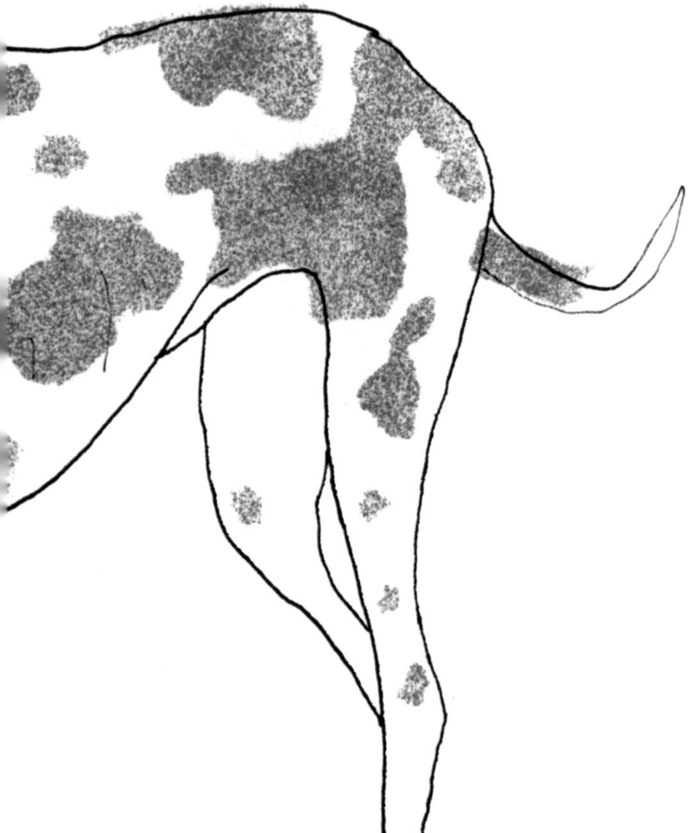

Nudeln mit Zucchini und Lamm

ZUTATEN

1 KG FUTTER

Hartweizennudeln	220 g
Zucchini, in Scheiben	220 g
mageres Lammfleisch, geschnitten	390 g
Rinderherz	140 g
Sonnenblumenöl	⅛ TL
Nahrungsergänzung (Seite 208)	3 EL/22 g

GEWICHT

HUND	FUTTERMENGE
5 kg	180 g
10 kg	310 g
15 kg	410 g
20 kg	515 g
30 kg	690 g
40 kg	860 g

ENERGIE

(pro 100 g):	168 Kalorien

NÄHRWERTE SEITE 149

ZUBEREITUNG

Nudeln und Zucchini in reichlich Wasser 5 Minuten länger kochen als angegeben, bis beide sehr weich sind.

Lammfleisch und Herz ohne Fett in einer Grillpfanne ca. 8–10 Minuten anbraten, dabei nicht braun werden lassen (bei Bedarf etwas Wasser hinzufügen). Abkühlen lassen und fein schneiden.

Nudeln und Zucchini mit dem Fleischragout in den Napf geben. Das Öl untermischen und die Nahrungsergänzung dazugeben.

TIPP

Für die Zubereitung im Voraus und zum Einfrieren werden die Zucchini gedünstet, mit einer Gabel zerdrückt und zum fein geschnittenen Fleisch gegeben. Gut mit den Nudeln mischen und einfrieren. Das Öl und die Nahrungsergänzung erst direkt vor dem Füttern hinzufügen.

VARIANTE

Bei übergewichtigen Hunden das Lamm durch Huhn und zweimal pro Woche durch Seehecht, Kabeljau oder Scholle ersetzen.

BLICKPUNKT GESUNDHEIT

Wenn die Zucchini durch die gleiche Menge Kürbis ersetzt werden, enthält das Futter mehr Carotinoide – wichtige Nährstoffe und Antioxidantien.

Couscous mit Rindfleisch und Gemüse

ZUTATEN

1 KG FUTTER

Couscous	225 g
mageres Rindfleisch	445 g
Erbsen	110 g
Karotten, geraspelt	170 g
Sonnenblumenöl	2 EL
Nahrungsergänzung (Seite 208)	3 EL/22 g

GEWICHT

HUND	FUTTERMENGE
5 kg	180 g
10 kg	300 g
15 kg	410 g
20 kg	510 g
30 kg	690 g
40 kg	855 g

ENERGIE

(pro 100 g):	170 Kalorien

NÄHRWERTE SEITE 149

ZUBEREITUNG

Den Couscous mindestens 5 Minuten länger kochen als angegeben, bis er sehr weich ist. Abkühlen lassen.

Das Rindfleisch ohne Fett in einer Grillpfanne ca. 8–10 Minuten anbraten, dabei nicht braun werden lassen (bei Bedarf etwas Wasser hinzufügen). Abkühlen lassen, fein schneiden und zum Couscous geben.

Die Erbsen in reichlich Wasser 5 Minuten kochen, bis sie gar sind. Abgießen und abkühlen lassen.

Couscous und Rindfleisch in den Napf füllen. Erbsen und Karotten daraufgeben und das Öl und die Nahrungsergänzung hinzufügen.

TIPP

Für die Zubereitung im Voraus und zum Einfrieren die Karotten (in Scheiben geschnitten) mit den Erbsen kochen und zum Couscous – der unter fließendem Wasser abgespült wurde – und Fleisch geben. Das Öl und die Nahrungsergänzung erst direkt vor dem Füttern hinzufügen.

VARIANTE

Statt Couscous kann die gleiche Menge Nudeln verwendet werden.

BLICKPUNKT GESUNDHEIT

An Tagen mit sehr hoher Aktivität 1 Teelöffel Kokosfett hinzufügen, bei Hunden über 25 kg Körpergewicht 2 Teelöffel. Es ist ein hervorragender Energielieferant.

Buchweizen mit Beeren und Rindfleisch

ZUTATEN

1 KG FUTTER

Buchweizen	345 g
mageres Rindfleisch	415 g
Rindermilz	140 g
Beeren (Blaubeeren, Goji-Beeren)	35 g
Maiskeimöl	3½ EL
Nahrungsergänzung (Seite 208)	4½ EL/34 g

GEWICHT

HUND	FUTTERMENGE
5 kg	145 g
10 kg	245 g
15 kg	330 g
20 kg	410 g
30 kg	560 g
40 kg	690 g

ENERGIE

(pro 100 g):	210 Kalorien

NÄHRWERTE SEITE 150

ZUBEREITUNG

Den Buchweizen in reichlich Wasser 5 Minuten länger kochen als angegeben, bis er sehr weich ist.

Rindfleisch und Milz ohne Fett in einer Grillpfanne ca. 5–8 Minuten anbraten, dabei nicht braun werden lassen (bei Bedarf etwas Wasser hinzufügen). Abkühlen lassen und würfeln.

Den Buchweizen mit den Beeren mischen und mit dem gewürfelten Rindfleisch und den Innereien in den Napf geben. Das Öl und die Nahrungsergänzung dazugeben.

TIPP

Das gekochte Fleisch kann fein geschnitten zum Buchweizen und den Beeren gegeben werden. So zubereitet lässt es sich einfrieren. Das Öl und die Nahrungsergänzung erst direkt vor dem Füttern hinzufügen.

VARIANTE

Milz ist ein ausgezeichneter Eisenlieferant. Unter der Woche kann sie durch Lunge ersetzt werden.

BLICKPUNKT GESUNDHEIT

Buchweizen muss sehr gut gekocht werden. Er ist zwar kein echtes Getreide, enthält aber Stoffe, die erst durch gründliches Kochen verdaulich werden.

Warmer Buchweizen mit Schweinefleisch und Beeren

ZUTATEN

1 KG FUTTER

Buchweizen	185 g
Schweinenacken oder -schulter	425 g
Schweineherz	120 g
Maiskeimöl	2 EL
Nahrungsergänzung (Seite 208)	3⅓ EL/24 g
Beeren (Blaubeeren, Goji-Beeren)	30 g
Apfel, geraspelt	185 g

GEWICHT

HUND	FUTTERMENGE
5 kg	165 g
10 kg	280 g
15 kg	375 g
20 kg	470 g
30 kg	630 g
40 kg	780 g

ENERGIE

(pro 100 g):	189 Kalorien

NÄHRWERTE SEITE 150

ZUBEREITUNG

Den Buchweizen in reichlich Wasser 5 Minuten länger kochen als angegeben, bis er sehr weich ist.

Schweinefleisch und -herz ohne Fett in einer Grillpfanne ca. 5–8 Minuten anbraten, dabei nicht braun werden lassen (bei Bedarf etwas Wasser hinzufügen). Abkühlen lassen und klein würfeln.

Den Buchweizen vollständig abkühlen lassen und das Fleisch dazugeben. Das Öl untermischen, die Nahrungsergänzung hinzufügen und mit den Beeren und dem geraspelten Apfel bestreuen.

TIPP

Der Buchweizen und der Apfel können auch gedünstet und dann das Fleisch und die Beeren dazugegeben werden. So zubereitet lässt sich das Futter einfrieren. Das Öl und die Nahrungsergänzung erst direkt vor dem Füttern hinzufügen.

VARIANTE

Mag ein Hund keinen Buchweizen, kann stattdessen die gleiche Menge Couscous verwendet werden. Braucht ein Hund zwischen den zwei Fütterungen eine Kleinigkeit, kann er den Apfel statt im Futter als Snack bekommen.

BLICKPUNKT GESUNDHEIT

Goji-Beeren, Johannisbeeren, Heidelbeeren und andere Beeren liefern Antioxidantien, die auf natürliche Weise helfen, das Körpergewebe vor Alterungsprozessen zu schützen.

Eintopf vom Schwein und Huhn mit Reis

ZUTATEN

1 KG FUTTER

weißer Reis	175 g
Karotten	3¾ mittelgroße/230 g
natives Olivenöl extra	1 EL
Hühnerleber	230 g
Hühnerbrust oder -keule	120 g
Schweinenacken oder -schulter, geschnitten	175 g
Sonnenblumenöl	1 EL
Nahrungsergänzung (Seite 208)	3 EL/23 g

GEWICHT

HUND	FUTTERMENGE
5 kg	170 g
10 kg	285 g
15 kg	390 g
20 kg	490 g
30 kg	660 g
40 kg	825 g

ENERGIE

(pro 100 g):	180 Kalorien

NÄHRWERTE SEITE 151

ZUBEREITUNG

Den Reis in reichlich Wasser mindestens 20 Minuten kochen (oder 5 Minuten länger als angegeben), bis er sehr weich ist. Abtropfen und abkühlen lassen.

Die Karotten kochen, abkühlen lassen, pürieren und zum Reis geben. Das Olivenöl untermischen. Beiseite stellen.

Die Hühnerleber ohne Fett in einer Grillpfanne anbraten, dabei nicht braun werden lassen (bei Bedarf etwas Wasser hinzufügen). Abkühlen lassen und fein schneiden.

Hühner- und Schweinefleisch 10 Minuten dünsten und abkühlen lassen.

Die Hühnerleber zum restlichen Fleisch geben, Sonnenblumenöl unterrühren und die Nahrungsergänzung hinzufügen. Den Eintopf mit dem Karottenreis in den Napf geben.

TIPP

Werden die klein geschnittenen Karotten zusammen mit dem Reis gekocht und wird das gesamte Fleisch in der Grillpfanne zubereitet und fein geschnitten, kann alles miteinander vermengt und kühl gelagert oder eingefroren werden. Das Öl und die Nahrungsergänzung erst direkt vor dem Füttern hinzufügen.

BLICKPUNKT GESUNDHEIT

Natives Olivenöl extra ist ein natürliches Antioxidans mit Anti-Aging-Eigenschaften.

Graupen mit Pute, Rindfleisch und Karotten

ZUTATEN

1 KG FUTTER

Perlgraupen	245 g
Putenbrust	350 g
Rinderkutteln	175 g
Karotten, geraspelt	140 g
Maiskeimöl	3 EL
Nahrungsergänzung (Seite 208)	2¾ EL/21 g

GEWICHT

HUND	FUTTERMENGE
5 kg	145 g
10 kg	240 g
15 kg	325 g
20 kg	400 g
30 kg	550 g
40 kg	680 g

ENERGIE

(pro 100 g):	208 Kalorien

NÄHRWERTE SEITE 151

ZUBEREITUNG

Die Perlgraupen in reichlich Wasser 5 Minuten länger kochen als angegeben, bis sie sehr weich sind.

Putenbrust und Kutteln ohne Fett in einer Grillpfanne anbraten, dabei nicht braun werden lassen (bei Bedarf etwas Wasser hinzufügen). Abkühlen lassen, in kleine Würfel schneiden und die Nahrungsergänzung dazugeben.

Die geriebenen Karotten mit dem Öl den Graupen hinzufügen.

Sobald Graupen und Karotten fertig sind, zusammen mit dem Fleisch in den Napf geben

TIPP

Zum Kühllagern oder Einfrieren werden das Öl und die Nahrungsergänzung am besten erst direkt vor dem Füttern hinzugegeben.

VARIANTE

Die Pute kann durch Huhn und die Gerstengraupen durch Dinkel ersetzt werden. Wenn bespelzte Gerste verwendet werden soll, muss diese zuerst gemahlen werden.

BLICKPUNKT GESUNDHEIT

Rinderkutteln sind „gereinigt“ oder „grün“ erhältlich. Aus ernährungsphysiologischer Sicht sind grüne Kutteln zwar reichhaltiger, mikrobiell aber risikoreicher. Sie müssen daher gekocht werden.

Reis-Käse-Bällchen mit Eintopf

ZUTATEN

1 KG FUTTER

weißer Reis	190 g
Cheddar, gerieben	190 g
Karotten, in Scheiben	315 g
mageres Kalbfleisch, klein gewürfelt	255 g
Sonnenblumenöl	2 TL
Nahrungsergänzung (Seite 208)	3⅓ EL/25 g

GEWICHT

HUND	FUTTERMENGE
5 kg	160 g
10 kg	270 g
15 kg	360 g
20 kg	445 g
30 kg	605 g
40 kg	760 g

ENERGIE

(pro 100 g):	196 Kalorien

NÄHRWERTE SEITE 152

ZUBEREITUNG

Den Reis in reichlich Wasser mindestens 20 Minuten kochen (oder 5 Minuten länger als angegeben), bis er sehr weich ist. Abtropfen, aber feucht lassen. Etwas zerdrücken, den Käse dazugeben und abkühlen lassen.

Karotten und Kalbfleisch in einen Dampfgarer geben oder in ein Sieb, das in einen gut abgedeckten Topf mit kochendem Wasser eingehängt wird. 8–10 Minuten dünsten, bis alles gar ist. Nach dem Abkühlen fein schneiden, dann das Öl und die Nahrungsergänzung untermischen.

Die Reis-Käse-Mischung zu vielen kleinen Bällchen formen und mit dem Fleisch und den Karotten in den Napf geben.

TIPP

Für die Zubereitung im Voraus und zum Einfrieren werden das gedünstete Fleisch und die Karotten fein geschnitten und zum Reis gegeben. Das Öl und die Nahrungsergänzung erst direkt vor dem Füttern hinzufügen.

VARIANTE

Wenn die Zeit knapp ist, kann der Reis durch die gleiche Menge Puffreis ersetzt werden. Dieser muss nicht gekocht, sondern vor dem Mischen mit den anderen Zutaten nur gewässert werden.

BLICKPUNKT GESUNDHEIT

Cheddar hat einen sehr niedrigen Laktosegehalt, sodass Hunde mit leichter Unverträglichkeit dieses Futter gut vertragen.

Rosmarin-Polenta mit Schweinefleischbällchen

ZUTATEN

1 KG FUTTER

Polentagrieß	220 g
Ricotta	170 g
Schweinenacken oder -schulter	400 g
Zucchini, gewürfelt	170 g
Nahrungsergänzung (Seite 208)	3 EL/23 g
getrockneter Rosmarin	1¼ TL
Sonnenblumenöl	1 TL

GEWICHT

HUND	FUTTERMENGE
5 kg	175 g
10 kg	300 g
15 kg	400 g
20 kg	500 g
30 kg	670 g
40 kg	840 g

ENERGIE

(pro 100 g):	138 Kalorien

NÄHRWERTE SEITE 152

ZUBEREITUNG

Den Polentagrieß mindestens 5 Minuten länger kochen als angegeben. Wenn die Polenta gar ist, den Ricotta hinzufügen und abkühlen lassen.

Das Schweinefleisch ohne Fett in einer Grillpfanne anbraten, dabei nicht braun werden lassen (bei Bedarf etwas Wasser hinzufügen). Abkühlen lassen und fein schneiden.

Die Zucchiniwürfel dünsten. Abkühlen lassen, fein schneiden und zusammen mit der Nahrungsergänzung zum Fleisch geben.

Die Polenta mit dem Rosmarin abschmecken und das Öl untermischen. Das Fleisch und das Gemüse vermengen. Zu vielen kleinen Kugeln formen und auf die Polentaschicht in den Napf geben.

TIPP

Für die Zubereitung im Voraus und zum Einfrieren auch das Schwein (gewürfelt) dünsten und zusammen mit den Zucchini zur Polenta geben. Das Öl und die Nahrungsergänzung erst direkt vor dem Füttern dazugeben.

VARIANTE

Statt Ricotta kann Hüttenkäse verwendet werden.

BLICKPUNKT GESUNDHEIT

Hunde lieben Rosmarin für gewöhnlich, und zusammen mit dem Öl wirkt das Aroma sehr verlockend.

Rinderroulade mit Kartoffeln

ZUTATEN

1 KG FUTTER

Kartoffeln, gewürfelt	365 g
Kefir	245 ml
mageres Rindfleisch	365 g
Nahrungsergänzung (Seite 208)	1⅔ EL/12 g
Leinöl	2 TL

GEWICHT

HUND	FUTTERMENGE
5 kg	330 g
10 kg	550 g
15 kg	750 g
20 kg	925 g
30 kg	1,26 kg
40 kg	1,6 kg

ENERGIE

(pro 100 g):	91 Kalorien

NÄHRWERTE SEITE 153

ZUBEREITUNG

Die Kartoffeln in einen Dampfgarer geben oder in ein Sieb, das in einen gut abgedeckten Topf mit kochendem Wasser eingehängt wird. 8–10 Minuten dünsten, bis sie gar sind. Nach dem Abkühlen klein schneiden, mit einer Gabel zerdrücken und den Kefir dazugeben.

Das Rindfleisch ohne Fett in einer Grillpfanne anbraten, dabei nicht braun werden lassen (bei Bedarf etwas Wasser hinzufügen). Abkühlen lassen, fein schneiden und zu den Kartoffeln geben.

Zum Schluss die Nahrungsergänzung und das Öl hinzufügen, zu einer Roulade formen und in Scheiben schneiden.

TIPP

Wenn es schnell gehen muss, das Rindfleisch klein würfeln und mit den Kartoffeln dünsten. Alles fein schneiden. Abschließend Kefir, die Nahrungsergänzung und Öl dazugeben. Soll das Futter eingefroren werden, werden die Nahrungsergänzung und das Öl erst direkt vor dem Füttern hinzugefügt.

VARIANTE

Die Hälfte des Kefirs (Gewichtsmenge) kann durch Ricotta aus Kuhmilch und/oder Schafsmilch ersetzt werden.

BLICKPUNKT GESUNDHEIT

Kefir ist reich an Probiotika, die das Immunsystem stärken. Er ist ein großartiges, gesundes Kraftfutter und eignet sich auch für laktoseintolerante Hunde.

Nudeln mit Kürbis und Polenta

ZUTATEN

1 KG FUTTER

Hartweizennudeln	115 g
Kürbis, gewürfelt	235 g
Polentagrieß	115 g
mageres Kalbfleisch, fein geschnitten	465 g
Nahrungsergänzung (Seite 208)	4½ EL/35 g
Maiskeimöl	3½ TL

GEWICHT

HUND	FUTTERMENGE
5 kg	170 g
10 kg	290 g
15 kg	395 g
20 kg	485 g
30 kg	655 g
40 kg	820 g

ENERGIE

(pro 100 g): 174 Kalorien

NÄHRWERTE SEITE 153

ZUBEREITUNG

Nudeln und Kürbis in reichlich Wasser 5 Minuten länger kochen als angegeben, bis alles sehr weich ist.

Den Polentagrieß mindestens 5 Minuten länger kochen als angegeben. Abkühlen lassen.

Das Kalbfleisch in einen Dampfgarer geben oder in ein Sieb, das in einen gut abgedeckten Topf mit kochendem Wasser eingehängt wird. 8–10 Minuten dünsten, bis das Fleisch gar ist. Abkühlen lassen, zur Polenta geben und die Nahrungsergänzung hinzufügen.

Nudeln und Kürbis mit dem Öl vermengen und mit der Polenta in den Napf geben.

TIPP

Soll das Futter eingefroren werden, werden Nudeln und Kürbis nach dem Kochen in Stücke und das gedünstete Fleisch fein geschnitten. Alles zur Polenta geben und erst vor dem Füttern das Öl und die Nahrungsergänzung hinzufügen.

VARIANTE

Im Sommer kann der Kürbis durch die gleiche Menge Zucchini ersetzt werden.

BLICKPUNKT GESUNDHEIT

Kalbfleisch enthält weniger Spurenelemente als Rindfleisch, ist aber sehr fettarm.

Rindergulasch mit Reis und Apfel

ZUTATEN

1 KG FUTTER

weißer Reis	95 g
Parmesan, gerieben	95 g
Schweineschmalz	2 EL/25 g
gut abgehangenes Rindfleisch	470 g
Sonnenblumenöl	3½ TL
Leinöl	3½ TL
Lachsöl	3½ TL
Nahrungsergänzung (Seite 208)	3⅓ EL/24 g
Apfel, ungeschält, gewürfelt	235 g

GEWICHT

HUND	FUTTERMENGE
5 kg	210 g
10 kg	360 g
15 kg	485 g
20 kg	600 g
30 kg	810 g
40 kg	1 kg

ENERGIE

(pro 100 g):	230 Kalorien

NÄHRWERTE SEITE 154

ZUBEREITUNG

Den Reis in reichlich Wasser mindestens 20 Minuten kochen (oder 5 Minuten länger als angegeben), bis er sehr weich ist. Abtropfen und abkühlen lassen, dann Käse und Schweineschmalz dazugeben.

Das Rindfleisch ohne Fett in einer Grillpfanne anbraten, dabei nicht braun werden lassen (bei Bedarf etwas Wasser hinzufügen). Abkühlen lassen und in Würfel schneiden.

Das Fleisch mit den Ölen und dem Nahrungsergänzungsmittel mischen und den Apfel unter den Reis heben. Beides in den Napf geben.

TIPP

Das Rindfleisch kann auch in kleine Stücke geschnitten und zusammen mit den gewürfelten Äpfeln gedünstet werden. Dann zum Reis geben und mit dem Käse garnieren. Soll das Futter eingefroren werden, werden die Öle und Nahrungsergänzung erst direkt vor dem Füttern hinzugefügt.

VARIANTE

Ist das Rindfleisch fett, kann auf das Schweineschmalz verzichtet werden.

BLICKPUNKT GESUNDHEIT

Die in den pflanzlichen Ölen dieses Rezepts enthaltenen Omega-3-Fettsäuren wirken sich positiv auf die körperliche Leistungsfähigkeit aus.

Rindfleisch mit Gemüse und Ingwer

ZUTATEN

1 KG FUTTER

gut abgehangenes Rindfleisch, Fettanteil 14–15%	400 g
Karotten, gewürfelt	165 g
Zucchini, gewürfelt	165 g
weißer Reis	190 g
Sonnenblumenöl	3 TL
Kokosöl	3 TL
Leinöl	5 TL
Nahrungsergänzung (Seite 208)	2¼ EL/16 g
Parmesan, gerieben	30 g
Ingwer, gemahlen	1 TL

GEWICHT

HUND	FUTTERMENGE
5 kg	185 g
10 kg	310 g
15 kg	425 g
20 kg	520 g
30 kg	705 g
40 kg	890 g

ENERGIE

(pro 100 g):	221 Kalorien

NÄHRWERTE SEITE 154

ZUBEREITUNG

Das Rindfleisch in kleine Würfel schneiden und in einer Lage im Dampfgarer 20–30 Minuten dämpfen. Mit einer Gabel prüfen, ob es gar ist. In der Mikrowelle lässt sich die Garzeit halbieren: Die Fleischwürfel in einen Behälter geben, luftig abdecken und bei 850 Watt 8–10 Minuten garen.

Das Gemüse 7–8 Minuten dünsten. Soll es püriert werden, ein paar Minuten länger kochen und mit einer Gabel zerdrücken.

Den Reis etwa 2 Minuten länger kochen, als auf der Packung angegeben, dann abtropfen lassen und abspülen, um die Stärke zu entfernen. Abkühlen lassen.

Das Fleisch mit Reis und Gemüse mischen. Die Öle und Nahrungsergänzungsmittel sowie geriebenen Käse und gemahlenen Ingwer hinzufügen. Vor dem Füttern gut vermischen.

VARIANTE

Wenn das Fleisch frisch und seine Herkunft bekannt ist, kann es roh als Tatar verfüttert werden.

BLICKPUNKT GESUNDHEIT

Bei Hunden mit Nierenproblemen den weißen Reis durch die gleiche Menge eiweißarme Pasta und das Sonnenblumenöl durch Krillöl ersetzen.

Schichtreis

ZUTATEN

1 KG FUTTER

Naturreis	305 g
Lachs, geschnitten	170 g
Kürbis, gewürfelt	135 g
Putenbrust ohne Haut	170 g
mageres Kalbfleisch	170 g
Nahrungsergänzung (Seite 208)	27 g
Maiskeimöl	1½ EL

GEWICHT

HUND	FUTTERMENGE
5 kg	155 g
10 kg	260 g
15 kg	360 g
20 kg	440 g
30 kg	600 g
40 kg	750 g

ENERGIE

(pro 100 g):	190 Kalorien

NÄHRWERTE SEITE 155

ZUBEREITUNG

Den Reis in reichlich Wasser mindestens 20 Minuten kochen (oder 5 Minuten länger als angegeben), bis er sehr weich ist. Abtropfen und abkühlen lassen.

Lachs und Kürbis nebeneinander in einen Dampfgarer geben oder in ein Sieb, das in einen gut abgedeckten Topf mit kochendem Wasser eingehängt wird. 8–10 Minuten dünsten, bis alles gar ist.

Putenbrust und Kalbfleisch ohne Fett in einer Grillpfanne anbraten, dabei nicht braun werden lassen (bei Bedarf etwas Wasser hinzufügen). Abkühlen lassen und schneiden.

Reis und Lachs vermengen und die Nahrungsergänzung hinzufügen.

Das Öl unter den Kürbis mischen. Die Hälfte der Reismischung in den Napf schichten. Eine Schicht Kürbis daraufgeben, dann eine Schicht Pute, eine weitere Schicht Reis und abschließend eine Schicht Kalb.

TIPP

Zum Einfrieren Fisch und Fleisch zusammen dünsten und fein schneiden. Den Reis mit dem Kürbis kochen und zu Fleisch und Fisch geben. Vor dem Füttern das Öl und die Nahrungsergänzung hinzufügen.

BLICKPUNKT GESUNDHEIT

Süßwasserfisch ist im Allgemeinen fetthaltiger, sodass er nicht durch Seefisch ersetzt werden kann.

Bohneneintopf mit Reis und Beeren

ZUTATEN

1 KG FUTTER

Puffreis	170 g
Hühnerbrust oder -keule	260 g
grüne Bohnen, geschnitten	200 g
mageres Kalbfleisch	260 g
Nahrungsergänzung (Seite 208)	3 EL/23 g
Beeren (Blaubeeren, Goji-Beeren)	3 EL/30 g
Sonnenblumenöl	3½ EL

GEWICHT

HUND	FUTTERMENGE
5 kg	175 g
10 kg	295 g
15 kg	400 g
20 kg	490 g
30 kg	665 g
40 kg	830 g

ENERGIE

(pro 100 g):	174 Kalorien

NÄHRWERTE SEITE 155

ZUBEREITUNG

Den Puffreis in Wasser einweichen. In der Zwischenzeit das Hühnerfleisch und die grünen Bohnen dünsten. Das Huhn darf keine Knochen enthalten.

Das Kalbfleisch ohne Fett in einer Grillpfanne anbraten, dabei nicht braun werden lassen (bei Bedarf etwas Wasser hinzufügen). Abkühlen lassen und fein schneiden.

Huhn und Bohnen mit dem Kalb vermengen und die Nahrungsergänzung zufügen.

Puffreis und Beeren mischen, das Öl unterrühren und mit dem Fleisch-Gemüse-Eintopf in den Napf geben.

TIPP

Wenn es schnell gehen muss, werden das gesamte Fleisch und die grünen Bohnen in kleine Stücke geschnitten, gedünstet und zu dem Puffreis und den Beeren gegeben. Das Öl und die Nahrungsergänzung werden erst direkt vor dem Füttern hinzugefügt, auch wenn das Futter zunächst eingefroren wird.

VARIANTE

Es kann auch ausschließlich Huhn oder Kalb verwendet werden, wobei die Gesamtmenge an Fleisch gleich bleibt.

BLICKPUNKT GESUNDHEIT

Beeren sind reich an natürlichen Antioxidantien, Vitaminen und Mineralsalzen. Insbesondere Goji-Beeren sorgen unter anderem für glänzendes Fell und den Erhalt der Sehkraft.

Surf and Turf mit Spirulina

ZUTATEN

1 KG FUTTER

fettes Rindfleisch	135 g
Rinderherz	90 g
Rinderkutteln	135 g
Karotten, geraspelt	230 g
Kürbiskernmehl	1 EL
Spirulina-Pulver	4 TL/9 g
Forelle	135 g
grüne Bohnen	140 g
Sonnenblumenöl	2 EL, plus 2 TL
Nahrungsergänzung (Seite 208)	1¼ EL/9 g
Parmesan, gerieben	45 g
Pinienkerne	4 EL/25 g

GEWICHT

HUND	FUTTERMENGE
5 kg	220 g
10 kg	365 g
15 kg	510 g
20 kg	625 g
30 kg	850 g
40 kg	1 kg

ENERGIE

(pro 100 g):	173 Kalorien

NÄHRWERTE SEITE 156

ZUBEREITUNG

Rindfleisch, Herz und Kutteln ohne Fett in einer Grillpfanne anbraten, dabei nicht braun werden lassen (bei Bedarf etwas Wasser hinzufügen). Abkühlen lassen, würfeln und mit Karotten, Mehl und Spirulina vermengen.

Forelle und Bohnen nebeneinander in einen Dampfgarer geben oder in ein Sieb, das in einen gut abgedeckten Topf mit kochendem Wasser eingehängt wird. 8–10 Minuten dünsten, bis alles gar ist. Das Öl, die Nahrungsergänzung und den geriebenen Käse untermischen und mit den ganzen Pinienkernen garnieren.

Das Fleisch neben den Fisch in den Napf geben.

TIPP

Wird das Futter portioniert eingefroren, werden das Öl und die Nahrungsergänzung erst direkt vor dem Füttern hinzugefügt.

VARIANTE

Wildforellen sind schwieriger erhältlich als Zuchtforellen, haben jedoch einen viel höheren Nährwert.

BLICKPUNKT GESUNDHEIT

Pinienkerne sind ein wichtiger Lieferant für Magnesium. Das Mineral lindert Muskelverspannungen und Krämpfe.

Dreierlei Tatar

ZUTATEN

1 KG FUTTER

Karotten, geraspelt	205 g
Nahrungsergänzung (Seite 208)	2⅔ EL/20 g
Spirulina-Pulver	3 TL/15 g
Hühnerklein, fein geschnitten	150 g
Erbsen	150 g
mageres Rindfleisch, fein geschnitten	150 g
Kaninchen, fein geschnitten	140 g
Maiskeimöl	1 EL
Lachs, fein geschnitten	90 g
Pinienkerne	4 EL/25 g
Kürbiskerne	1½ EL
Lachsöl	1 EL

GEWICHT

HUND	FUTTERMENGE
5 kg	205 g
10 kg	335 g
15 kg	455 g
20 kg	565 g
30 kg	765 g
40 kg	955 g

ENERGIE

(pro 100 g):	159 Kalorien

NÄHRWERTE SEITE 156

ZUBEREITUNG

Karotten, die Nahrungsergänzung und Spirulina zum Hühnerklein geben.

Die Erbsen blanchieren. Das Rinder- und Kaninchentatar mit den Erbsen vermengen und das Maiskeimöl unterrühren.

Den Lachstatar mit den Pinien- und Kürbiskernen verfeinern und das Lachsöl hinzufügen.

Die dreierlei Tatar nebeneinander in den Napf geben.

VARIANTE

Statt Lachs kann ein anderer Süßwasserfisch wie Forelle oder Barsch verwendet werden. Wenn die Herkunft des Fleisches oder Fisches unklar ist, sollte beides angebraten werden.

BLICKPUNKT GESUNDHEIT

Spirulina ist eine Alge, die Omega-3-Fettsäuren und Mineralien enthält. Sie stärkt das Immunsystem, gibt Kraft während der Rekonvaleszenz und verbessert das Aussehen von Haut und Fell.

Lamm und Kabeljau mit Ei

ZUTATEN

1 KG FUTTER

Kabeljau, in kleine Stücke geschnitten	180 g
Lamm	105 g
Lachsöl	1 EL
Spirulina-Pulver	1 geh. EL/18 g
Kürbiskerne, geröstet und gemahlen	3 EL
Karotten, gewürfelt	250 g
Erbsen	180 g
Eier	190 g
Pinienkerne	3 EL/18 g
Nahrungsergänzung (Seite 208)	2 EL/14 g
Maiskeimöl	1 EL

GEWICHT

HUND	FUTTERMENGE
5 kg	280 g
10 kg	475 g
15 kg	640 g
20 kg	790 g
30 kg	1,1 kg
40 kg	1,34 kg

ENERGIE

(pro 100 g):	111 Kalorien

NÄHRWERTE SEITE 157

ZUBEREITUNG

Den Kabeljau in einen Dampfgarer geben oder in ein Sieb, das in einen gut abgedeckten Topf mit kochendem Wasser eingehängt wird. 8–10 Minuten dünsten, bis der Fisch gar ist. Abkühlen lassen und fein schneiden.

Das Lamm ohne Fett in einer Grillpfanne anbraten, dabei nicht braun werden lassen. Abkühlen lassen und fein schneiden.

Das geschnittene Fleisch und den Fisch vermengen. Das Lachsöl, die Spirulina und die gemahlenen Kürbiskerne dazugeben. Die gesamte Mischung zu Klößchen formen.

Die Karotten zusammen mit den Erbsen kochen. Die Eier weich kochen, sodass das Eiweiß fest und das Eigelb flüssig ist.

Die Pinienkerne zu den Erbsen und Karotten geben, dann die Nahrungsergänzung hinzufügen und das Maiskeimöl untermischen.

Die Eier schälen und auf eine Schicht Gemüse mit den Klößchen in den Napf geben.

TIPP

Gekochte Eier halten sich mehrere Tage im Kühlschrank, sodass es kein Problem ist, das Futter gekühlt zu lagern. Soll es jedoch eingefroren werden, werden die Eier direkt vor dem Füttern gekocht.

BLICKPUNKT GESUNDHEIT

Ungemahlen können ganze Kürbiskerne als gesunder Snack gegeben werden.

ÄLTERE HUNDE

Reis-Eier-Gemüse-Kroketten

ZUTATEN

1 KG FUTTER

weißer Reis	255 g
Kürbis, gewürfelt	125 g
Eier	340 g
Parmesan, gerieben	65 g
Karotten	2 mittelgroße/125 g
Bierhefe	4½ EL/25 g
Kokosöl	1 EL
Sonnenblumenöl	4 TL
Nahrungsergänzung (Seite 208)	3⅓ EL/25 g

GEWICHT

HUND	FUTTERMENGE
5 kg	160 g
10 kg	260 g
15 kg	355 g
20 kg	450 g
30 kg	610 g
40 kg	740 g

ENERGIE

(pro 100 g):	195 Kalorien

NÄHRWERTE SEITE 160

ZUBEREITUNG

Den Reis in reichlich Wasser 5 Minuten länger kochen als angegeben, bis er sehr weich ist.

Den Kürbis in einen Dampfgarer geben oder in ein Sieb, das in einen gut abgedeckten Topf mit kochendem Wasser eingehängt wird. 8–10 Minuten dünsten, bis der Kürbis gar ist. Abkühlen lassen und pürieren. Mit Eiern, Reis, Käse und Hefe vermengen und zu Kroketten formen.

Ein Kuchenblech mit Backpapier auslegen und die Kroketten mit Abstand zueinander darauflegen. Goldbraun backen und abkühlen lassen.

Die Karotten waschen und in dünne Streifen schneiden. Die Öle und die Nahrungsergänzung hinzufügen. Die Kroketten auf eine Schicht Karottenstreifen in den Napf geben.

TIPP

Diese Kroketten sind praktisch für unterwegs. Die Karotten können auch mit dem Kürbis gedünstet und in die Krokettenmischung gegeben werden. Die Nahrungsergänzung ist dann erst vor dem Füttern hinzuzufügen, da sie nicht gekocht werden sollte.

BLICKPUNKT GESUNDHEIT

Bierhefe trägt insbesondere wegen ihres hohen Gehalts an B-Vitaminen viel zur Gesundheit von Haut und Fell bei.

Eier-Nudeln

ZUTATEN

1 KG FUTTER

Vollkornnudeln	170 g
Butter	5 TL
Kürbis, klein gewürfelt	170 g
Karotten, klein gewürfelt	170 g
Rinderlunge, fein geschnitten	170 g
Eier	4 Gr. XL/235 g
Kokosöl	1 EL
Leinöl	1 EL
Lachsöl	5 TL
Nahrungsergänzung (Seite 208)	2¼ EL/17 g

GEWICHT

HUND	FUTTERMENGE
5 kg	175 g
10 kg	290 g
15 kg	405 g
20 kg	495 g
30 kg	675 g
40 kg	840 g

ENERGIE

(pro 100 g):	170 Kalorien

NÄHRWERTE SEITE 160

ZUBEREITUNG

Die Nudeln in reichlich Wasser 5 Minuten länger kochen als angegeben. Abtropfen lassen, einige Esslöffel Kochflüssigkeit beiseite stellen. Die Butter zu den Nudeln geben und abkühlen lassen.

Gemüse und Lunge in einen Dampfgarer geben oder in ein Sieb, das in einen gut abgedeckten Topf mit kochendem Wasser eingehängt wird. 8–10 Minuten dünsten, bis alles gar ist. Das Gemüse cremig pürieren und mit etwas Kochflüssigkeit unter die Nudeln rühren. Das Fleisch untermischen.

Die Eier weich kochen und abkühlen lassen. Schälen, in Stücke schneiden und mit einer Gabel zerbröckeln. Mit den Ölen vermischen und über die Nudeln streuen.

Die Nahrungsergänzung hinzufügen und alles warm in den Napf geben.

TIPP

Soll das Futter eingefroren werden, die Nudeln nach dem Kochen mit kaltem Wasser abspülen, um die Bildung von resistenter Stärke zu verhindern.

VARIANTE

Die Vollkornnudeln können durch 20% mehr Vollkornbrot ersetzt werden.

BLICKPUNKT GESUNDHEIT

Die im Kokosöl enthaltenen mittelkettigen Triglyceride (MCT) sind ein wichtiger Energielieferant für die Nervenzellen.

Reis-Zuccotto mit Pute

ZUTATEN

1 KG FUTTER

weißer Reis	150 g
Putenbrust ohne Haut	285 g
Chicorée	4 Stück/260 g
grüne Bohnen	260 g
Maiskeimöl	1 EL
Nahrungsergänzung (Seite 208)	2⅔ EL/18 g

GEWICHT

HUND	FUTTERMENGE
5 kg	230 g
10 kg	385 g
15 kg	520 g
20 kg	650 g
30 kg	880 g
40 kg	1,1 kg

ENERGIE

(pro 100 g):	132 Kalorien

NÄHRWERTE SEITE 161

ZUBEREITUNG

Den Reis in reichlich Wasser mindestens 20 Minuten kochen (oder 5 Minuten länger als angegeben), bis er sehr weich ist.

Das Putenfleisch in kleine Stücke schneiden, um die Garzeit zu verkürzen, und dünsten. Abkühlen lassen und mit dem Reis vermengen.

Chicorée und Bohnen in reichlich Wasser kochen und abtropfen lassen. Pürieren, das Öl unterrühren und abkühlen lassen.

Die Nahrungsergänzung zur Reis-Pute-Mischung hinzufügen, in eine leicht gefettete Schüssel geben und gut andrücken. Den Zuccotto in den Napf stürzen und das Gemüsepüree dazugeben.

TIPP

Das Gemüse kann mit der Pute gedünstet, mit dem Reis vermengt und eingefroren werden. Das Öl und die Nahrungsergänzung dann erst direkt vor dem Füttern dazugeben.

VARIANTE

Die grünen Bohnen können durch Linsen ersetzt werden, deren Gewichtsmenge auf ein Drittel reduziert wird.

BLICKPUNKT GESUNDHEIT

Chicorée ist ein ausgezeichnetes natürliches Probiotikum. Es ist ein wichtiger Lieferant von Inulin, das die nützlichen Darmbakterien stärkt.

Kurkuma-Reis mit Pute

ZUTATEN

1 KG FUTTER

Naturreis	215 g
Kurkuma	1 TL
Putenbrust ohne Haut, geschnitten	320 g
Kartoffeln, gewürfelt	425 g
Maiskeimöl	1 EL
Nahrungsergänzung (Seite 208)	2¾ EL/21 g

GEWICHT

HUND	FUTTERMENGE
5 kg	190 g
10 kg	315 g
15 kg	425 g
20 kg	530 g
30 kg	720 g
40 kg	890 g

ENERGIE

(pro 100 g):	161 Kalorien

NÄHRWERTE SEITE 161

ZUBEREITUNG

Den Reis mit Kurkuma in reichlich Wasser mindestens 20 Minuten kochen (oder 5 Minuten länger als angegeben), bis er sehr weich ist. Abtropfen und abkühlen lassen.

Putenfleisch und Kartoffeln dünsten. Das Fleisch darf keine Knochen enthalten. Abkühlen lassen.

Das Öl unter den Reis mischen, zum Fleisch und den Kartoffeln geben und direkt vor dem Füttern die Nahrungsergänzung hinzufügen.

TIPP

Fleisch und Kartoffeln können zusammen mit dem Reis und Kurkuma gedünstet und eingefroren werden. Das Öl und die Nahrungsergänzung erst direkt vor dem Füttern dazugeben.

VARIANTE

Wenn der Hund Kurkuma gerne frisst, kann sie direkt vor dem Füttern hinzugefügt werden.

BLICKPUNKT GESUNDHEIT

Kurkuma fördert die Gesundheit, da sie reich an Antioxidantien ist.

Gemüsecreme mit Pute und Croûtons

ZUTATEN

1 KG FUTTER

Kürbis, gewürfelt	95 g
Karotten, gewürfelt	95 g
Putenschenkel, ohne Haut	230 g
Haferflocken	40 g
fettarmer Joghurt	370 ml
Weißbrot	3 Scheiben/90 g
Kokosöl	1 EL
Lachsöl	1 EL
Leinöl	4 TL
Nahrungsergänzung (Seite 208)	3 EL/23 g

GEWICHT

HUND	FUTTERMENGE
5 kg	215 g
10 kg	370 g
15 kg	490 g
20 kg	610 g
30 kg	830 g
40 kg	1 kg

ENERGIE

(pro 100 g):	137 Kalorien

NÄHRWERTE SEITE 162

ZUBEREITUNG

Kürbis- und Karottenwürfel in etwas Wasser kochen. Cremig pürieren und abkühlen lassen.

Das Putenfleisch ohne Fett in einer Grillpfanne anbraten, dabei nicht braun werden lassen. Abkühlen lassen und fein schneiden.

Die Haferflocken in lauwarmem Wasser einweichen und unter den Joghurt mischen. Das Brot in Würfel schneiden und im Backofen trocknen.

Fleisch und Joghurt zur Kürbis-Karotten-Creme geben, gut vermischen und mit den Croûtons bestreuen. Vor dem Füttern die Öle und die Nahrungsergänzung dazugeben.

TIPP

Der Joghurt mit den Haferflocken kann dem Hund auch als Snack gegeben werden.

VARIANTE

Statt Huhn kann die gleiche Menge Perlhuhn verwendet werden.

BLICKPUNKT GESUNDHEIT

Das in den Haferflocken enthaltene Selen, ein lebenswichtiges Spurenelement, ist ein Gegenspieler der freien Radikale, die Alterungsprozesse verursachen.

Tapioka mit Schweinefleisch und Karotten

ZUTATEN

1 KG FUTTER

Perltapioka	240 g
Schweinenacken oder -schulter	420 g
Schweineleber	120 g
Nahrungsergänzung (Seite 208)	3⅓ EL/24 g
Sonnenblumenöl	1 EL
Karotten, geraspelt	180 g

GEWICHT

HUND	FUTTERMENGE
5 kg	165 g
10 kg	280 g
15 kg	380 g
20 kg	475 g
30 kg	640 g
40 kg	800 g

ENERGIE

(pro 100 g):	180 Kalorien

NÄHRWERTE SEITE 162

ZUBEREITUNG

Die Tapioka mindestens 5 Minuten länger kochen als angegeben. Abkühlen lassen.

Schweinefleisch und -leber ohne Fett in einer Grillpfanne anbraten, dabei nicht braun werden lassen (bei Bedarf etwas Wasser hinzufügen). Abkühlen lassen, in kleine Würfel schneiden und die Nahrungsergänzung dazugeben.

Das Öl unter die Tapioka mischen, in den Napf geben und das Fleisch und die Karotten darauflegen.

TIPP

Soll das Futter eingefroren werden, das Fleisch nach dem Kochen klein schneiden. Die Karotten in Scheiben schneiden, dünsten und mit einer Gabel zerdrücken, dann alles mit der Tapioka und dem Öl vermengen. Die Nahrungsergänzung erst direkt vor dem Füttern dazugeben.

VARIANTE

Es empfiehlt sich, die Leber zweimal in der Woche durch weich gekochte Eier in gleicher Gewichtsmenge zu ersetzen.

BLICKPUNKT GESUNDHEIT

Es sollte nicht zu viel Leber gefüttert und die in diesen Rezepten angegebene Menge immer eingehalten werden, denn zu viel Leber kann dem Hund schaden.

Kürbis-Quinoa mit Lammragout

ZUTATEN

1 KG FUTTER

Quinoa	395 g
Kürbis, fein gewürfelt	155 g
Maiskeimöl	1½ EL
Lamm	395 g
Nahrungsergänzung (Seite 208)	4 EL/31 g

GEWICHT

HUND	FUTTERMENGE
5 kg	125 g
10 kg	215 g
15 kg	290 g
20 kg	360 g
30 kg	490 g
40 kg	605 g

ENERGIE

(pro 100 g):	237 Kalorien

NÄHRWERTE SEITE 163

ZUBEREITUNG

Die Quinoa gründlich waschen und zusammen mit dem Kürbis in reichlich Wasser mindestens 5 Minuten länger kochen als angegeben. Abtropfen und abkühlen lassen, das Öl untermischen.

Das Lammfleisch ohne Fett in einer Grillpfanne anbraten, dabei nicht braun werden lassen (bei Bedarf etwas Wasser hinzufügen). Abkühlen lassen, fein schneiden und die Nahrungsergänzung hinzufügen.

Die Kürbis-Quinoa zusammen mit dem Lammragout in den Napf geben.

TIPP

Soll das Futter eingefroren werden, werden das Öl und die Nahrungsergänzung erst direkt vor dem Füttern hinzugefügt.

VARIANTE

Statt Lamm kann Hammel verwendet werden. Die preisgünstige Fleischsorte wird von Hunden sehr gerne genommen.

BLICKPUNKT GESUNDHEIT

Die protein- und ballaststoffreiche Quinoa ist ein Pseudogetreide und eignet sich für Hunde, die Weizen nicht vertragen. Sie sollte vor dem Kochen immer gewaschen werden, da sie bitter schmecken kann, was viele Hunde nicht mögen.

Couscous mit Kokosduft

ZUTATEN

1 KG FUTTER

Couscous	365 g
Kokosöl	1 EL
Schweinenacken oder -schulter	450 g
Hühnerklein	120 g
Sonnenblumenöl	1 EL
Nahrungsergänzung (Seite 208)	4⅓ EL/33 g

GEWICHT

HUND	FUTTERMENGE
5 kg	125 g
10 kg	205 g
15 kg	285 g
20 kg	350 g
30 kg	470 g
40 kg	585 g

ENERGIE

(pro 100 g):	244 Kalorien

NÄHRWERTE SEITE 163

ZUBEREITUNG

Den Couscous mindestens 5 Minuten länger kochen als angegeben, bis er sehr weich ist. Abkühlen lassen, dann das Kokosöl untermischen.

Schweinefleisch und Hühnerklein ohne Fett in einer Grillpfanne ca. 5–8 Minuten anbraten, dabei nicht braun werden lassen (bei Bedarf etwas Wasser hinzufügen). Abkühlen lassen und klein würfeln.

Das Sonnenblumenöl untermischen, die Nahrungsergänzung hinzufügen und mit dem Couscous in den Napf geben.

TIPP

Für die Zubereitung im Voraus und zum Einfrieren wird das Fleisch gedünstet, fein geschnitten und zum Couscous gegeben. Das Öl und die Nahrungsergänzung erst direkt vor dem Füttern dazugeben.

VARIANTE

Wird der Couscous in Brühe gekocht, ist das Futter noch schmackhafter.

BLICKPUNKT GESUNDHEIT

Mit zunehmendem Alter lässt der Geruchssinn eines Hundes nach. Um seinen Appetit anzuregen, wird es umso wichtiger, ihm gut riechendes Futter anzubieten.

NÄHR-
WERTE

Über dieses Kapitel

Im Rezeptteil dieses Buches sind der Kaloriengehalt und die Portionsgröße angegeben sowie nützliche Informationen enthalten, wie und warum ein Rezept für einen Hund geeignet ist. Der Abschnitt über Nährwerte schlüsselt das, was in einer Futterportion steckt, noch genauer auf. Infografiken veranschaulichen den prozentualen Anteil von Mineralien, Proteinen, Fetten, Kohlenhydraten und Ballaststoffen je 100 g Futter.

DAS IST ZU BEACHTEN

Bei den Welpenrezepten finden sich statt einer Tabelle jeweils vier Tabellen, da sich die Portionsgröße zunächst nach dem Gewicht des erwachsenen Hundes und dann nach der Entwicklungsphase des Welpen berechnet.

Die Mengenangaben der einzelnen Zutaten beziehen sich auf die zubereitete und gekochte Futtermenge.

Die Infografiken sind hilfreich im Zusammenhang mit den Angaben unter „Blickpunkt Gesundheit“ in den Rezepten sowie mit den Symbolen, die Ernährungsbedürfnisse wie „getreidefrei“, „proteinreich“ und „Light-Rezepte für weniger aktive Hunde“ anzeigen. Auf einen Blick ist erkennbar, wie das einzelne Rezept auf diesen Zweck zugeschnitten ist.

FUTTER FÜR WELPEN

Karottenrisotto mit gebratenem Rindfleisch

TÄGLICHE FUTTERMENGE

ZUTATEN	GEWICHT ERWACHSENER HUND: 40 KG					
Gewicht des Hundes	5 kg	10 kg	15 kg	20 kg	30 kg	35 kg
weißer Reis	80 g	125 g	155 g	175 g	235 g	210 g
Karotten	50 g	80 g	95 g	110 g	145 g	130 g
Rindfleisch	210 g	330 g	400 g	460 g	620 g	550 g
Rindermilz	70 g	110 g	135 g	155 g	205 g	185 g
Lachsöl	½ TL	⅔ TL	⅞ TL	1 TL	1¼ TL	1 TL
Leinöl	2 TL	1 EL	4 TL	4½ TL	2¼ EL	2 EL
Nahrungsergänzung	1 EL + 1 TL /10 g	1 EL + ⅓ TL /16 g	2 EL + 2⅓ TL /19 g	3 EL + ⅓ TL /22 g	4 gestr. EL /29 g	3 EL + 1⅓ TL /26 g

NÄHRWERTE PRO 100 G

MAKRONÄHRSTOFFE

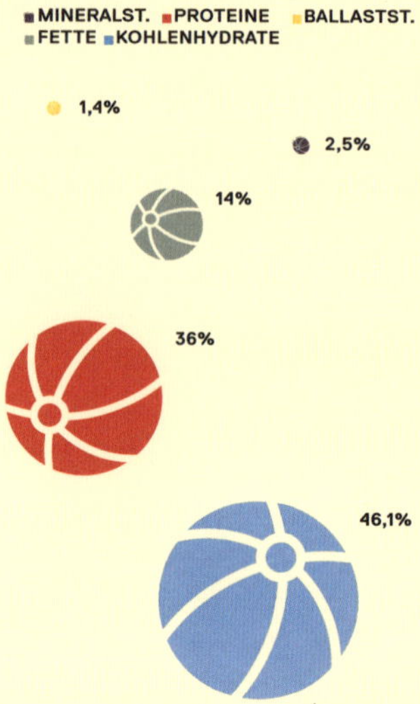

TÄGLICHE FUTTERMENGE

ZUTATEN	GEWICHT ERWACHSENER HUND: 25 KG			
Gewicht des Hundes	5 kg	10 kg	15 kg	20 kg
weißer Reis	80 g	115 g	140 g	140 g
Karotten	50 g	70 g	85 g	85 g
Rindfleisch	210 g	295 g	365 g	365 g
Rindermilz	70 g	100 g	120 g	120 g
Lachsöl	½ TL	⅔ TL	⅞ TL	⅞ TL
Leinöl	2 TL	1 EL	1¼ EL	1¼ EL
Nahrungsergänzung	1 EL + 1 TL /10 g	2 gestr. EL /14 g	2 EL + ¾ TL /17 g	2 EL + ¾ TL /17 g

NÄHRWERTE PRO 100 G

MAKRONÄHRSTOFFE

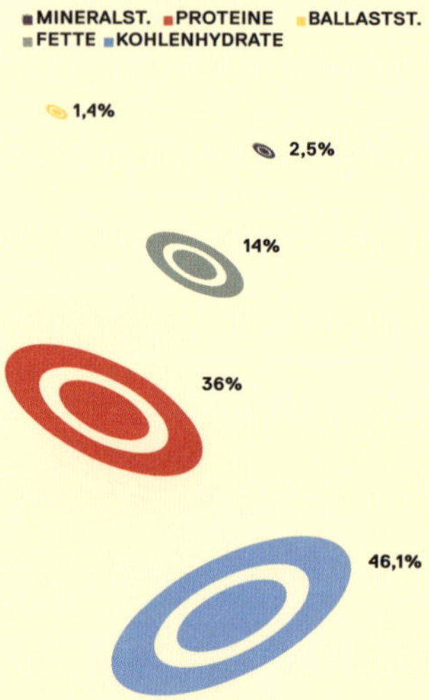

TÄGLICHE FUTTERMENGE

ZUTATEN	GEWICHT ERWACHSENER HUND: 10 KG		
Gewicht des Hundes	3 kg	6 kg	9 kg
weißer Reis	55 g	75 g	85 g
Karotten	50 g	70 g	75 g
Rindfleisch	145 g	205 g	220 g
Rindermilz	50 g	70 g	75 g
Lachsöl	¼ TL	½ TL	½ TL
Leinöl	1 TL	1 geh. TL	1¼ TL
Nahrungsergänzung	2⅓ TL /6 g	3 geh. TL /8 g	3½ TL /9 g

NÄHRWERTE PRO 100 G

MAKRONÄHRSTOFFE

■ MINERALST. ■ PROTEINE ■ BALLASTST.
■ FETTE ■ KOHLENHYDRATE

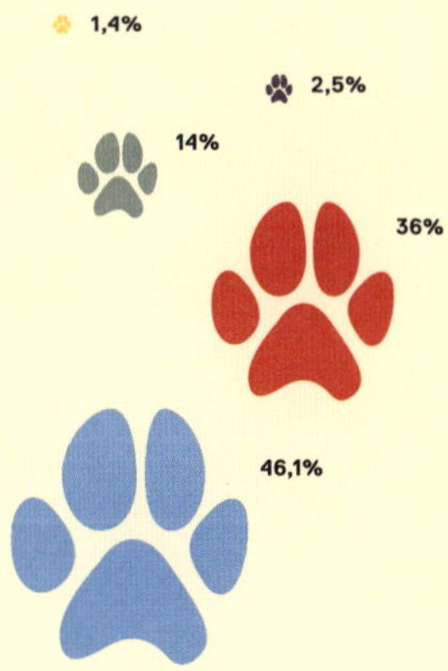

TÄGLICHE FUTTERMENGE

ZUTATEN	GEWICHT ERWACHSENER HUND: 3 KG		
Gewicht des Hundes	0,5 kg	1 kg	2 kg
weißer Reis	4 TL /15 g	2 EL /20 g	7 TL /25 g
Karotten	4 TL /10 g	1½ EL /15 g	1½ EL /15 g
Rindfleisch	45 g	70 g	105 g
Rindermilz	10 g	15 g	15 g
Lachsöl	¼ TL	¼ TL	¼ TL
Leinöl	¼ TL	¼ TL	¼ TL
Nahrungsergänzung	1 geh. TL /3 g	1⅓ TL /4 g	1⅓ TL /4 g

NÄHRWERTE PRO 100 G

MAKRONÄHRSTOFFE

■ MINERALST. ■ PROTEINE ■ BALLASTST.
■ FETTE ■ KOHLENHYDRATE

Nudeln mit Karottensauce und Huhn

TÄGLICHE FUTTERMENGE

ZUTATEN	GEWICHT ERWACHSENER HUND: 40 KG					
Gewicht des Hundes	5 kg	10 kg	15 kg	20 kg	30 kg	35 kg
Hartweizennudeln	95 g	150 g	180 g	210 g	280 g	250 g
Hühnerfleisch	200 g	310 g	385 g	440 g	590 g	525 g
Karotten	50 g	35 g	70 g	70 g	145 g	130 g
Hühnerleber	50 g	80 g	95 g	110 g	145 g	130 g
Lachsöl	½ TL	⅔ TL	⅞ TL	1¼ TL	1⅓ TL	1⅓ TL
Sonnenblumenöl	2⅓ TL	3⅔ TL	4½ TL	5¼ TL	2¼ EL	2 EL
Nahrungsergänzung	1 EL + 1 TL /10 g	2 EL + ⅓ TL /16 g	2 EL + 2½ TL /19 g	3 EL + ⅓ TL /22 g	4 gestr. EL /29 g	3½ EL /26 g

NÄHRWERTE PRO 100 G

MAKRONÄHRSTOFFE

■ MINERALST. ■ PROTEINE ■ BALLASTST.
■ FETTE ■ KOHLENHYDRATE

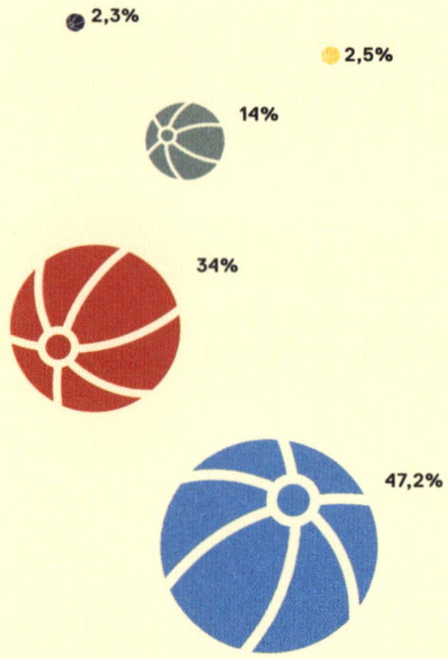

TÄGLICHE FUTTERMENGE

ZUTATEN	GEWICHT ERWACHSENER HUND: 25 KG			
Gewicht des Hundes	5 kg	10 kg	15 kg	20 kg
Hartweizennudeln	95 g	135 g	165 g	160 g
Hühnerfleisch	200 g	280 g	350 g	345 g
Karotten	50 g	70 g	85 g	85 g
Hühnerleber	50 g	70 g	85 g	85 g
Lachsöl	½ TL	⅔ TL	⅞ TL	⅞ TL
Sonnenblumenöl	2⅓ TL	1 EL	4 TL	4 TL
Nahrungsergänzung	1 EL + 1 TL /10 g	2 gestr. EL /4 g	2¼ EL /17 g	2¼ EL /17 g

NÄHRWERTE PRO 100 G

MAKRONÄHRSTOFFE

■ MINERALST. ■ PROTEINE ■ BALLASTST.
■ FETTE ■ KOHLENHYDRATE

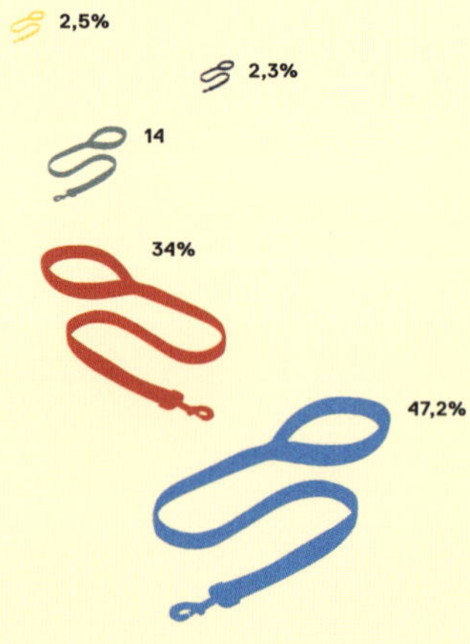

Seite 48

TÄGLICHE FUTTERMENGE

ZUTATEN	GEWICHT ERWACHSENER HUND: 10 KG		
Gewicht des Hundes	3 kg	6 kg	9 kg
Hartweizennudeln	45 g	65 g	70 g
Hühnerfleisch	120 g	170 g	180 g
Karotten	3½ EL /30 g	40 g	45 g
Hühnerleber	50 g	70 g	75 g
Lachsöl	½ TL	⅔ TL	⅔ TL
Sonnenblumenöl	1¾ TL	2⅓ TL	2⅔ TL
Nahrungsergänzung	1 gestr. EL /7 g	1 EL + 1 TL /10 g	1 EL + 1⅓ TL /11 g

NÄHRWERTE PRO 100 G

MAKRONÄHRSTOFFE

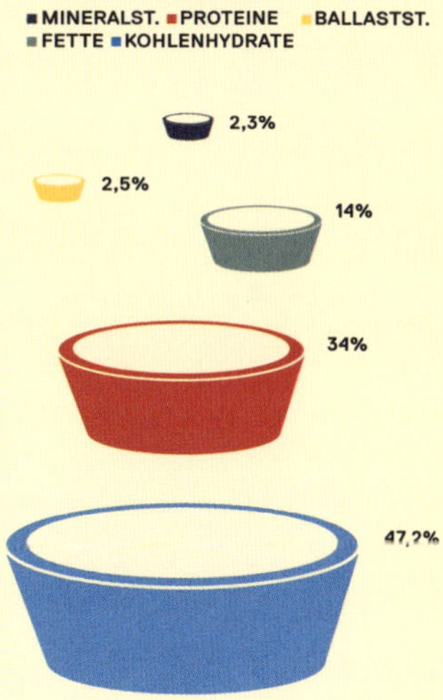

TÄGLICHE FUTTERMENGE

ZUTATEN	GEWICHT ERWACHSENER HUND: 3 KG		
Gewicht des Hundes	0,5 kg	1 kg	2 kg
Hartweizennudeln	15 g	20 g	25 g
Hühnerfleisch	35 g	55 g	80 g
Karotten	1½ EL /15 g	5 TL /20 g	3 EL /35 g
Hühnerleber	10 g	15 g	25 g
Lachsöl	¼ TL	¼ TL	½ TL
Sonnenblumenöl	¼ EL	½ EL	⅔ EL
Nahrungsergänzung	1 gestr. TL /2 g	1 geh. TL /3 g	2 TL /5 g

NÄHRWERTE PRO 100 G

MAKRONÄHRSTOFFE

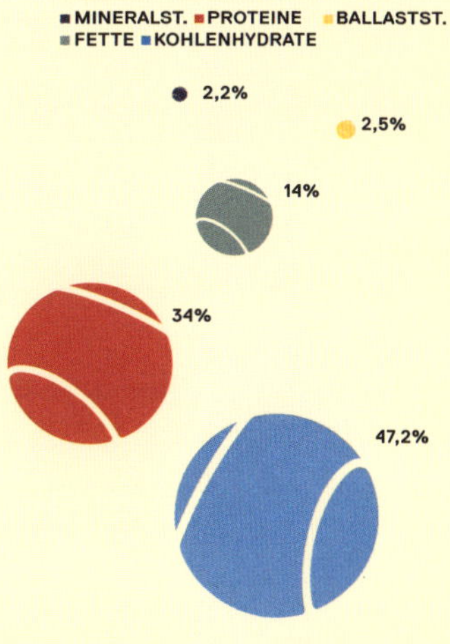

Fleischreis-Timbale mit Kürbis

TÄGLICHE FUTTERMENGE

ZUTATEN	GEWICHT ERWACHSENER HUND: 40 KG					
Gewicht des Hundes	5 kg	10 kg	15 kg	20 kg	30 kg	35 kg
weißer Reis	65 g	100 g	125 g	145 g	190 g	170 g
Schweinefleisch	150 g	235 g	285 g	330 g	440 g	395 g
Schweinemilz	85 g	135 g	165 g	185 g	250 g	225 g
Schweineherz	85 g	135 g	165 g	185 g	250 g	225 g
Leinöl	1½ TL	2 TL	2½ TL	1 EL	4⅓ TL	3⅔ TL
Lachsöl	¼ TL	½ TL	⅔ TL	⅔ TL	⅞ TL	⅞ TL
Nahrungsergänzung	1 EL + 1 TL /10 g	2 EL /16 g	2 EL + 2½ TL /19 g	3 EL + ⅓ TL /22 g	4 gestr. EL /29 g	3½ EL /26 g
Kürbis	40 g	60 g	75 g	90 g	120 g	105 g

NÄHRWERTE PRO 100 G

MAKRONÄHRSTOFFE

■ MINERALST. ■ PROTEINE ■ BALLASTST.
■ FETTE ■ KOHLENHYDRATE

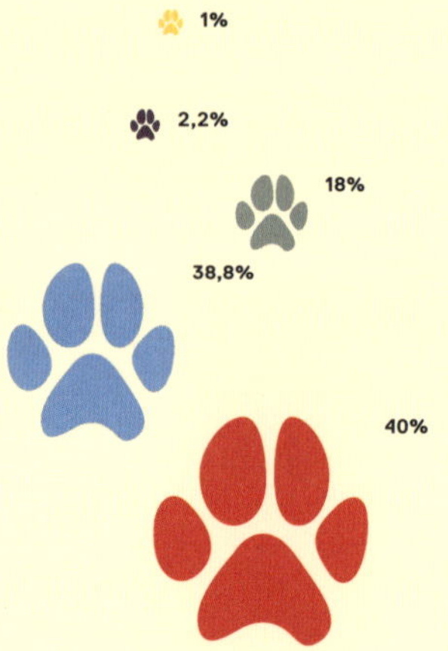

TÄGLICHE FUTTERMENGE

ZUTATEN	GEWICHT ERWACHSENER HUND: 25 KG			
Gewicht des Hundes	5 kg	10 kg	15 kg	20 kg
weißer Reis	65 g	90 g	115 g	110 g
Schweinefleisch	150 g	/210 g	260 g	255 g
Schweinemilz	/85 g	/120 g	150 g	145 g
Schweineherz	85 g	/120 g	150 g	145 g
Lachsöl	¼ TL	½ TL	½ TL	⅔ TL
Leinöl	1½ TL	2 TL	2⅔ TL	2¼ TL
Nahrungsergänzung	1 EL + 1 TL /10 g	2 gestr. EL /14 g	2¼ EL /17 g	2 EL + ⅓ TL /16 g
Kürbis	40 g	55 g	70 g	65 g

NÄHRWERTE PRO 100 G

MAKRONÄHRSTOFFE

■ MINERALST. ■ PROTEINE ■ BALLASTST.
■ FETTE ■ KOHLENHYDRATE

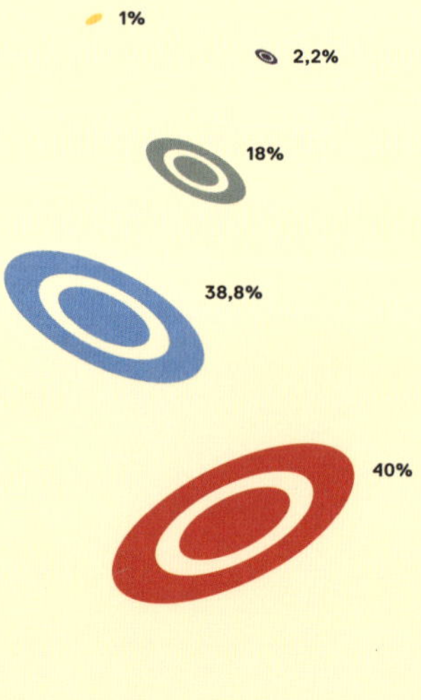

Seite 50

TÄGLICHE FUTTERMENGE

ZUTATEN	GEWICHT ERWACHSENER HUND: 10 KG		
Gewicht des Hundes	3 kg	6 kg	9 kg
weißer Reis	50 g	70 g	75 g
Schweinefleisch	80 g	110 g	120 g
Schweinemilz	40 g	55 g	60 g
Schweineherz	70 g	100 g	105 g
Lachsöl	¼ TL	¼ TL	½ TL
Leinöl	½ TL	⅞ TL	⅞ TL
Nahrungsergänzung	1 gestr. EL /7 g	1 EL + 1 TL /10 g	2 EL + 1⅓ TL /11 g
Kürbis	3 EL /20 g	30 g	35 g

NÄHRWERTE PRO 100 G

MAKRONÄHRSTOFFE

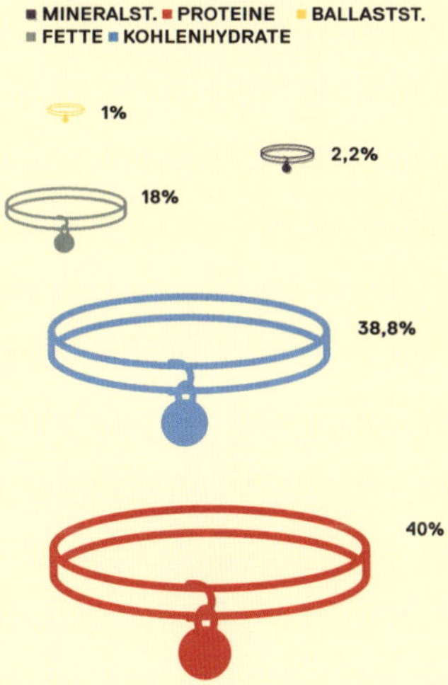

TÄGLICHE FUTTERMENGE

ZUTATEN	GEWICHT ERWACHSENER HUND: 3 KG		
Gewicht des Hundes	0,5 kg	1 kg	2 kg
weißer Reis	⅔ EL /10 g	1 EL /15 g	1⅓ EL /20 g
Schweinefleisch	20 g	30 g	55 g
Schweinemilz	10 g	15 g	20 g
Schweineherz	20 g	30 g	35 g
Lachsöl	¼ TL	¼ TL	⅓ TL
Leinöl	¼ TL	¼ TL	⅓ TL
Nahrungsergänzung	1 gestr. TL /2 g	1 geh. TL /3 g	1⅔ TL /4 g
Kürbis	⅔ EL /10 g	1 EL /15 g	1⅔ EL /20 g

NÄHRWERTE PRO 100 G

MAKRONÄHRSTOFFE

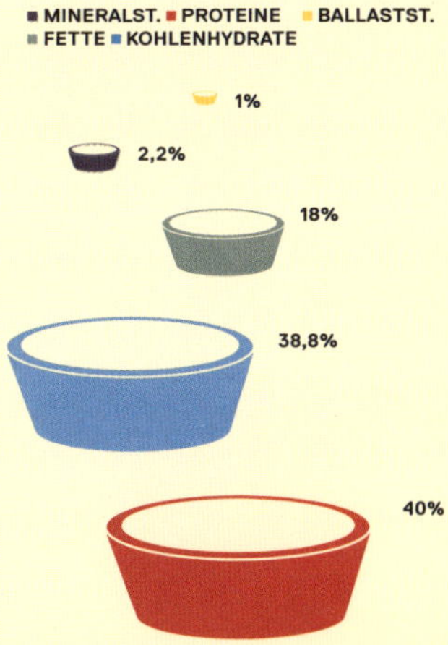

FUTTER FÜR ERWACHSENE HUNDE

Nudeln mit Sojabohnen und knackigem Apfel

Seite 54

TÄGLICHE FUTTERMENGE

ZUTATEN	GEWICHT DES HUNDES					
Gewicht des Hundes	5 kg	10 kg	15 kg	20 kg	30 kg	40 kg
Hartweizennudeln	20 g	35 g	45 g	55 g	75 g	95 g
Erbsen aus der Dose	2 EL /20 g	3½ EL 35 g	45 g	55 g	75 g	95 g
Sojabohnen aus der Dose	50 g	85 g	115 g	140 g	190 g	240 g
Sonnenblumenöl	1 geh. TL	1 gestr. EL	1¼ EL	5 TL	2 EL	2 EL + 2 TL
Leinöl	½ TL	1 TL	1¼ TL	2 TL	1 EL	4 TL
Vegane Nahrungsergänzung	15 g	25 g	34 g	42 g	58 g	71 g
Bierhefe	1 gestr. TL	1 TL	2 TL	1 EL	4 TL	5 TL
Nahrungsergänzung	2⅓ TL /6 g	1 EL + 1 TL /10g	2 EL /14 g	2⅔ EL /17 g	3 EL /23 g	3¾ EL /29 g
Apfel	2½ EL 30 g	50 g	70 g	85 g	115 g	145 g

NÄHRWERTE PRO 100 G

MAKRONÄHRSTOFFE

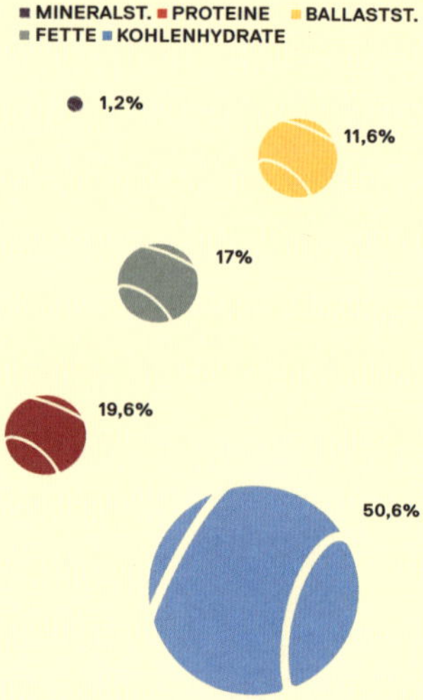

Gemüse-Käse-Reisbällchen

Seite 57

TÄGLICHE FUTTERMENGE

ZUTATEN	GEWICHT DES HUNDES					
Gewicht des Hundes	5 kg	10 kg	15 kg	20 kg	30 kg	40 kg
weißer Reis	2½ EL /30 g	50 g	70 g	85 g	115 g	145 g
Erbsen aus der Dose	3 EL 30 g	50 g	70 g	85 g	115 g	145 g
Sojabohnen aus der Dose	2½ EL /30 g	50 g	70 g	85 g	115 g	145 g
Sonnenblumenöl	1 gestr. TL	1 TL	1½ TL	2 TL	1 EL	1½ EL
Nahrungsergänzung	1½ TL /4 g	1 gestr. EL /7 g	1 EL + ⅓ TL /9 g	1½ EL /11 g	2 EL /15 g	2 EL + 1 TL /19 g
Eier	55 g	90 g	120 g	150 g	205 g	250 g
Hüttenkäse	3 EL /40 g	65 g	90 g	115 g	155 g	190 g

NÄHRWERTE PRO 100 G

MAKRONÄHRSTOFFE

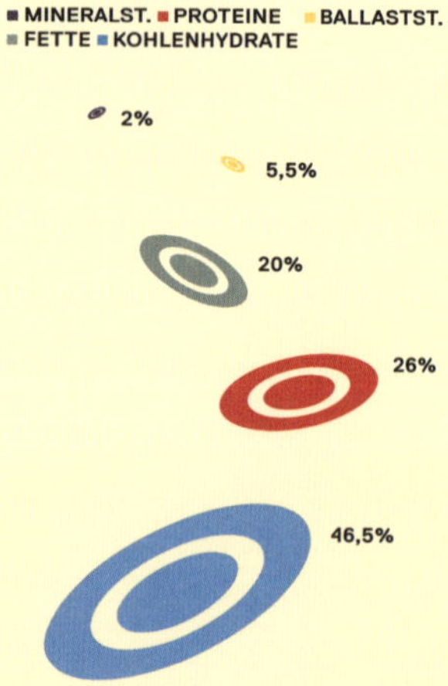

Nudeln mit Sojafrikadellen und Eiern

Seite 58

TÄGLICHE FUTTERMENGE

ZUTATEN	GEWICHT DES HUNDES					
Gewicht des Hundes	5 kg	10 kg	15 kg	20 kg	30 kg	40 kg
Hartweizennudeln	30 g	50 g	70 g	85 g	115 g	145 g
Sojabohnen aus der Dose	80 g	135 g	180 g	225 g	305 g	380 g
Schafs-Ricotta	2½ EL /40 g	65 g	90 g	115 g	155 g	190 g
Eier	2 EL /25 g	3 EL /45 g	60 g	75 g	105 g	130 g
Sonnenblumenöl	½ TL	½ TL	1 gestr. TL	1 TL	1½ TL	2 TL
Nahrungsergänzung	2 TL /5 g	1 geh. EL /8 g	1½ EL /11 g	1 gestr. EL /14 g	2 EL + 1 TL /19 g	3 EL + 1 TL /24 g

NÄHRWERTE PRO 100 G

MAKRONÄHRSTOFFE

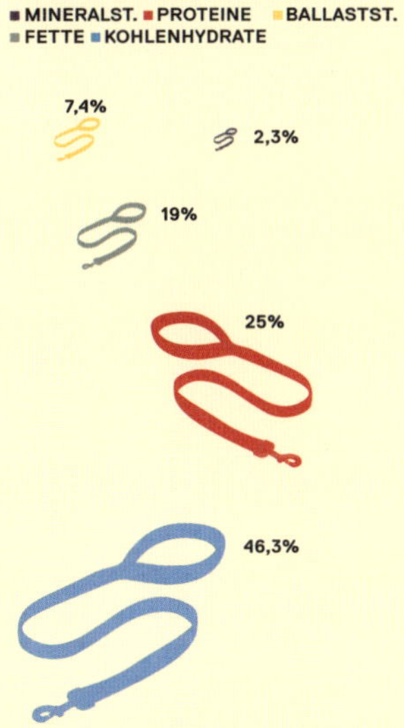

Reis mit Zucchini

Seite 59

TÄGLICHE FUTTERMENGE

ZUTATEN	GEWICHT DES HUNDES					
Gewicht des Hundes	5 kg	10 kg	15 kg	20 kg	30 kg	40 kg
Naturreis	45 g	75 g	105 g	125 g	175 g	215 g
Zucchini	80g	135 g	180 g	225 g	305 g	380 g
Hühnerfleisch	65 g	110 g	150 g	185 g	250 g	310 g
Kabeljau	65 g	110 g	150 g	185 g	250 g	310 g
Maiskeimöl	½ TL	1 TL	1 TL	1½ TL	2 TL	2½ TL
Nahrungsergänzung	1½ TL /4 g	1 gestr. EL /7 g	1 EL + ⅔ TL /9 g	1½ EL /11 g	2 EL /15 g	2 EL + 1 TL /19 g

NÄHRWERTE PRO 100 G

MAKRONÄHRSTOFFE

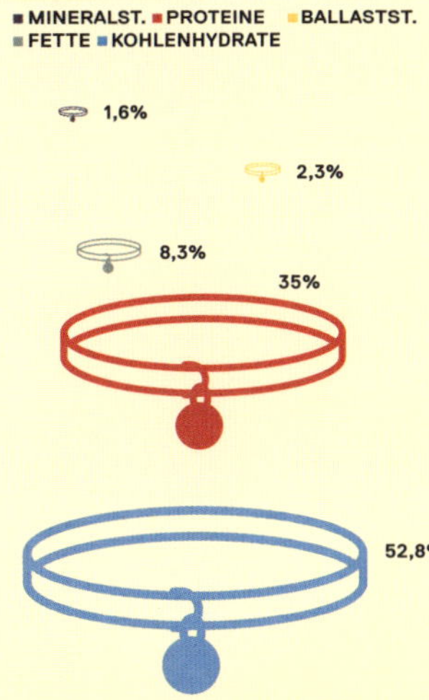

Geschichteter Reis mit Fisch und Gemüse

Seite 60

TÄGLICHE FUTTERMENGE

ZUTATEN	GEWICHT DES HUNDES					
Gewicht des Hundes	5 kg	10 kg	15 kg	20 kg	30 kg	40 kg
weißer Reis	35 g	60 g	80 g	100 g	135 g	165 g
Seehecht	125g	210 g	285 g	355 g	480 g	595 g
grüne Bohnen	40 g	65 g	90 g	115 g	155 g	/190g
Maiskeimöl	2 TL	1 EL	4 TL	5 TL	6 ½ TL	3 EL + 1 TL
Nahrungsergänzung	1½ TL /4 g	1 gestr. EL /7 g	1 EL + ⅔ TL /9 g	1½ EL /11 g	2 EL /15 g	2 EL + 1 TL /19 g

NÄHRWERTE PRO 100 G

MAKRONÄHRSTOFFE

■ MINERALST. ■ PROTEINE ■ BALLASTST.
■ FETTE ■ KOHLENHYDRATE

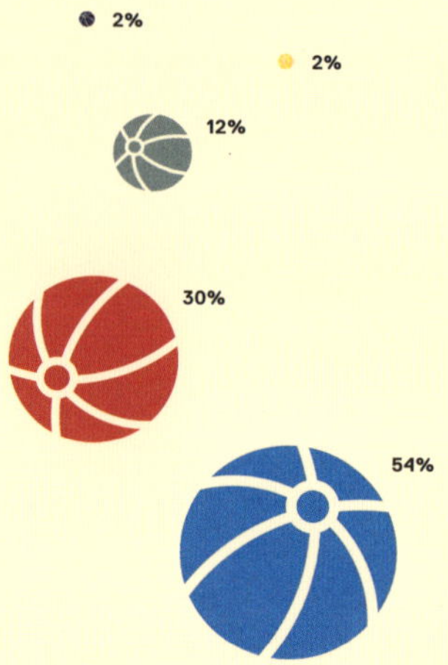

Puffreisbratlinge

Seite 62

TÄGLICHE FUTTERMENGE

ZUTATEN	GEWICHT DES HUNDES					
Gewicht des Hundes	5 kg	10 kg	15 kg	20 kg	30 kg	40 kg
Puffreis	30 g	50 g	70 g	85 g	115 g	145 g
Kalbfleisch	50 g	85 g	115 g	140 g	190 g	240 g
Sardinen	30 g	50 g	70 g	/85 g	115 g	145 g
grüne Bohnen	35 g	60 g	80 g	100 g	135 g	165 g
Nahrungsergänzung	1½ TL /4 g	1 gestr. EL /7 g	1 EL + ⅔ TL /9 g	1½ EL /11 g	2 EL /15 g	2 EL + 1 TL /19 g
Sonnenblumenöl	2 TL	1 EL	4 TL	4½ TL	2 EL	2 EL + 2 TL

NÄHRWERTE PRO 100 G

MAKRONÄHRSTOFFE

■ MINERALST. ■ PROTEINE ■ BALLASTST.
■ FETTE ■ KOHLENHYDRATE

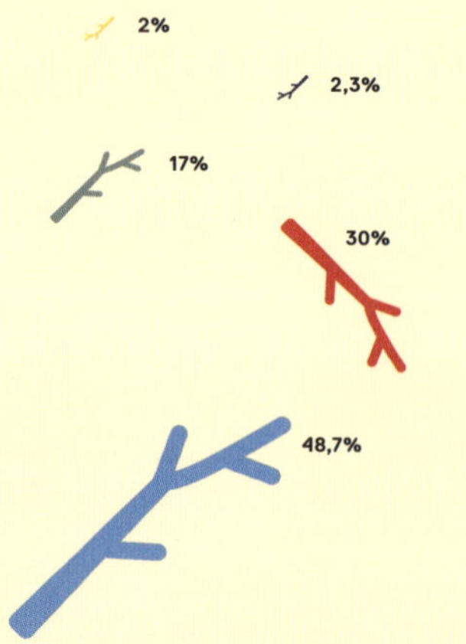

Kabeljau-Kartoffel-Auflauf

Seite 63

TÄGLICHE FUTTERMENGE

ZUTATEN	GEWICHT DES HUNDES					
Gewicht des Hundes	5 kg	10 kg	15 kg	20 kg	30 kg	40 kg
Kabeljau	150 g	250 g	340 g	425 g	575 g	715 g
Kartoffeln	130 g	220 g	295 g	370 g	500 g	620 g
Sonnenblumenöl	2 TL	3½ TL	5 TL	6½ TL	3 EL	3 EL + ½ TL
Nahrungsergänzung	1½ TL /4 g	1 gestr. EL /7 g	1 EL + ⅔ TL /9 g	1½ EL /11 g	2 EL /15 g	2 EL + 1 TL /19 g

NÄHRWERTE PRO 100 G

MAKRONÄHRSTOFFE

■ MINERALST. ■ PROTEINE ■ BALLASTST.
■ FETTE ■ KOHLENHYDRATE

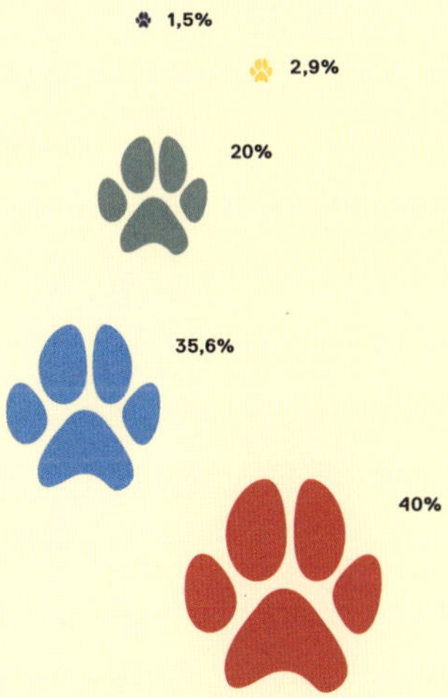

Puten-Reis-Bällchen

Seite 65

TÄGLICHE FUTTERMENGE

ZUTATEN	GEWICHT DES HUNDES					
Gewicht des Hundes	5 kg	10 kg	15 kg	20 kg	30 kg	40 kg
weißer Reis	3½ EL /40 g	65 g	90 g	115 g	155 g	190 g
Putenbrust	80 g	135 g	180 g	225 g	310 g	380 g
Karotten	3 EL /20 g	35 g	50 g	55 g	75 g	95 g
Zucchini	25 g	40 g	55 g	70 g	90 g	120 g
Sonnenblumenöl	1 TL	1½ TL	2 TL	2½ TL	1 EL	4 TL
Beeren	¾ EL /5 g	1½ EL /10 g	1½ EL /10 g	2 EL /15 g	2 EL /20 g	25 g
Nahrungsergänzung	1½ TL /4 g	1 gestr. EL /7 g	1 EL + ⅔ TL /9 g	1½ EL /11 g	2 EL /15 g	2 EL + 1 TL /19 g

NÄHRWERTE PRO 100 G

MAKRONÄHRSTOFFE

■ MINERALST. ■ PROTEINE ■ BALLASTST.
■ FETTE ■ KOHLENHYDRATE

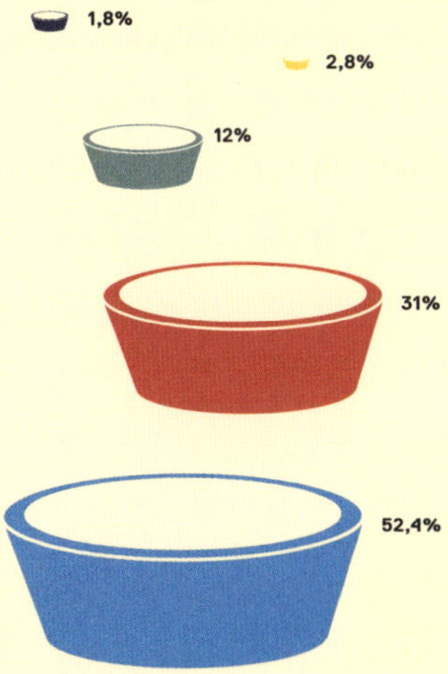

Puten-Ricotta-Nocken

Seite 66

TÄGLICHE FUTTERMENGE

ZUTATEN	GEWICHT DES HUNDES					
Gewicht des Hundes	5 kg	10 kg	15 kg	20 kg	30 kg	40 kg
Puffreis	30 g	50 g	70 g	85 g	115 g	145 g
Putenbrust	60 g	100 g	135 g	170 g	230 g	285 g
Ricotta	2½ EL /40 g	65 g	90 g	115 g	155 g	190 g
Sonnenblumenöl	½ TL	1 geh. TL	1¼ TL	2 TL	1 EL	4 TL
Nahrungsergänzung	1½ TL /4 g	1 gestr. EL /7 g	1 EL + ⅔ TL /9 g	1½ EL /11 g	2 EL /15 g	2 EL + 1 TL /19 g
Karotten	40 g	65 g	90 g	115 g	155 g	190 g

NÄHRWERTE PRO 100 G

MAKRONÄHRSTOFFE

■ MINERALST. ■ PROTEINE ■ BALLASTST. ■ FETTE ■ KOHLENHYDRATE

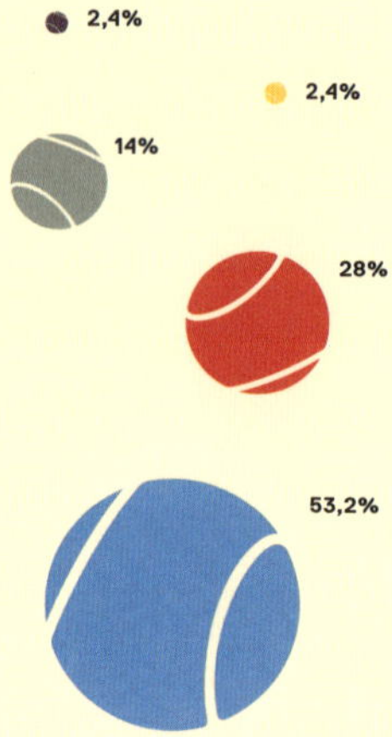

Haferflocken mit Pute und Kartoffeln

Seite 67

TÄGLICHE FUTTERMENGE

ZUTATEN	GEWICHT DES HUNDES					
Gewicht des Hundes	5 kg	10 kg	15 kg	20 kg	30 kg	40 kg
Haferflocken	25 g	40 g	55 g	70 g	95 g	120 g
Putenbrust	90 g	150 g	205 g	255 g	345 g	430 g
Kartoffeln	50 g	90 g	115 g	140 g	190 g	240 g
Kefir	30 ml	2 EL + 2 TL /35 ml	3 EL + 1 TL /50 ml	75 ml	115 ml	140 ml
Sonnenblumenöl	1 TL	1½ TL	2 TL	1 EL	3 ½ TL	5 TL
Nahrungsergänzung	2 TL /5 g	1 geh. EL /8 g	1 EL + 1⅓ TL /11 g	2 gestr. EL /14 g	2 EL + 1½ TL /19 g	3¼ EL /24 g

NÄHRWERTE PRO 100 G

MAKRONÄHRSTOFFE

■ MINERALST. ■ PROTEINE ■ BALLASTST. ■ FETTE ■ KOHLENHYDRATE

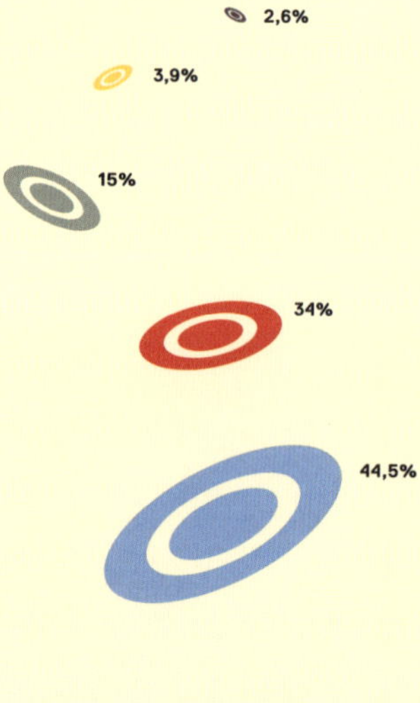

Polenta mit Cheddar und Huhn

Seite 69

TÄGLICHE FUTTERMENGE

ZUTATEN	GEWICHT DES HUNDES					
Gewicht des Hundes	5 kg	10 kg	15 kg	20 kg	30 kg	40 kg
Hühnerfleisch	30 g	50 g	70 g	85 g	115 g	145 g
Kürbis	2 TL /30 g	1 EL /50 g	1¼ EL /70 g	1¼ EL /80 g	1½ EL 115 g	1½ EL /140 g
Hühnerleber	20 g	35 g	45 g	55 g	75 g	95 g
Polentagrieß	3½ EL /30 g	50 g	70 g	85 g	115 g	145 g
Cheddar	2 EL /30 g	3¼ EL 50 g	3½ EL /65 g	5½ EL 80 g	115 g	145 g
Sonnenblumenöl	1½ TL	2½ TL	1 EL	4 TL	5 TL	2 EL
Nahrungsergänzung	2 TL /5 g	1 geh. EL /8 g	1 EL + 1⅓ TL /11 g	2 gestr. EL /14 g	2 EL + 1½ TL /19 g	3¼ EL /24 g

NÄHRWERTE PRO 100 G

MAKRONÄHRSTOFFE

■ MINERALST. ■ PROTEINE ■ BALLASTST.
■ FETTE ■ KOHLENHYDRATE

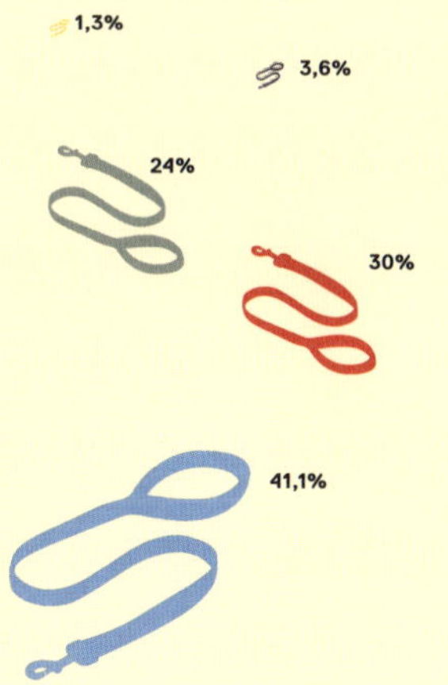

Gefüllte Reisbällchen römische Art

Seite 70

TÄGLICHE FUTTERMENGE

ZUTATEN	GEWICHT DES HUNDES					
Gewicht des Hundes	5 kg	10 kg	15 kg	20 kg	30 kg	40 kg
weißer Reis	2½ EL /30 g	50 g	70 g	85 g	115 g	145 g
Hühnerbrust	80 g	135 g	180 g	225 g	305 g	380 g
Sonnenblumenöl	1 TL	1½ TL	1¾ TL	2 TL	1 EL	3¾ TL
Leinöl	1 TL	1½ TL	2 TL	2¼ TL	1 EL	4 TL
Lachsöl	1 TL	1½ TL	2 TL	2¼ TL	1 EL	4 TL
Parmesan	3 EL /20 g	5 EL /35 g	45 g	55 g	75 g	95 g
Maltodextrin	2½ TL /10 g	4¼ TL /17 g	2 EL /23 g	2½ EL 28 g	3 EL /38 g	48 g
Nahrungsergänzung	2⅓ TL /6 g	1 EL + 1 TL /10 g	2 gestr. EL /14 g	2¼ EL /17 g	3 EL /23 g	4 gestr. EL /29 g
Apfel	60 g	100 g	135 g	170 g	230 g	285 g

NÄHRWERTE PRO 100 G

MAKRONÄHRSTOFFE

■ MINERALST. ■ PROTEINE ■ BALLASTST.
■ FETTE ■ KOHLENHYDRATE

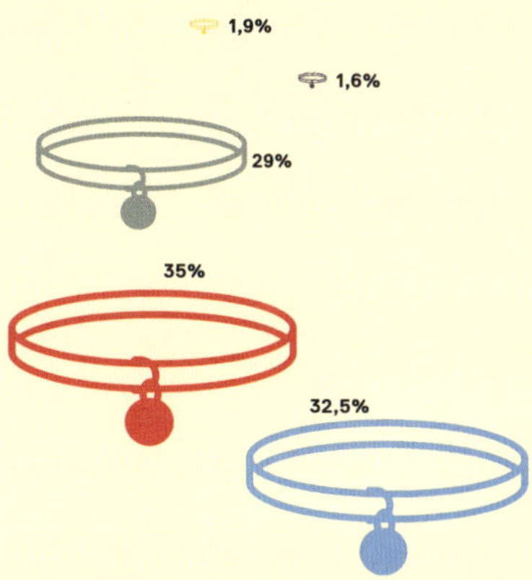

Huhn-Apfel-Bällchen

Seite 72

TÄGLICHE FUTTERMENGE

ZUTATEN	GEWICHT DES HUNDES					
Gewicht des Hundes	5 kg	10 kg	15 kg	20 kg	30 kg	40 kg
weißer Reis	25 g	40 g	55 g	70 g	95 g	120 g
Hühnerbrust	70 g	120 g	160 g	200 g	270 g	340 g
Kürbis	20 g	35 g	45 g	55 g	75 g	95 g
Apfel	1 EL /20 g	2 EL /35 g	45 g	55 g	75 g	95 g
Lachsöl	1 gestr. TL	1 TL	2 TL	2 TL	1 EL	3½ TL
Nahrungsergänzung	1 ⅔ TL /4 g	2¼ TL /6 g	1 EL + 1⅓ TL /9 g	1 EL + 1½ TL /11 g	2 EL /15 g	2½ EL /20 g
Schweineschmalz	¼ TL /2 g	⅓ TL /3 g	1 TL /5 g	1¼ TL /6 g	1½ TL /8 g	2 TL /10 g
Sonnenblumenöl	1 gestr. TL	1 TL	2 TL	2 TL	1 EL	3½ TL
Leinöl	1 gestr. TL	1 TL	2 TL	2 TL	1 EL	3½ TL
Parmesan, gerieben	1 EL /5 g	4½ EL /8 g	10 EL /11 g	15 g	20 g	25 g

NÄHRWERTE PRO 100 G

MAKRONÄHRSTOFFE

■ MINERALST. ■ PROTEINE ■ BALLASTST.
■ FETTE ■ KOHLENHYDRATE

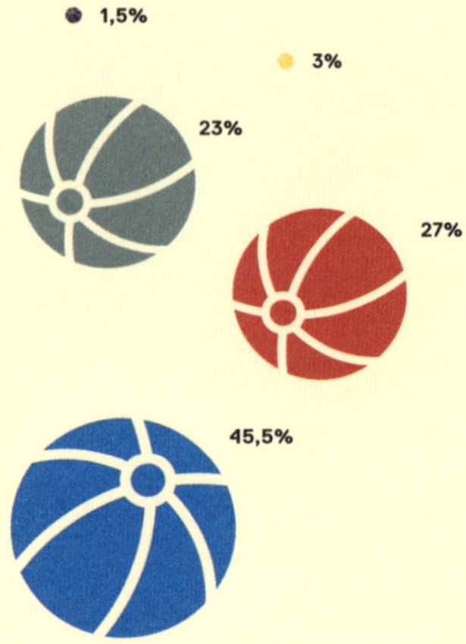

Weich gekochtes Ei mit Kürbis und Huhn

Seite 75

TÄGLICHE FUTTERMENGE

ZUTATEN	GEWICHT DES HUNDES					
Gewicht des Hundes	5 kg	10 kg	15 kg	20 kg	30 kg	40 kg
weißer Reis	40 g	65 g	90 g	115 g	155 g	190 g
Kürbis	1½ EL /30 g	2¼ EL /50 g	3½ EL /70 g	85 g	115 g	145 g
Hühnerfleisch	60 g	100 g	135 g	170 g	230 g	285 g
Ei	1 EL /15 g	2 EL /25 g	2 EL /35 g	2½ EL /40 g	3½ EL /55 g	5 EL /70 g
Sonnenblumenöl	2 TL	3 TL	1 EL	1 EL	4 TL	4½ TL
Lachsöl	¼ TL	½ TL	¾ TL	1 TL	1 TL	1½ TL
Nahrungsergänzung	1⅔ TL /4 g	1 gestr. EL /7 g	1 EL + ½ TL /9 g	1 EL + 1⅓ TL /11 g	2 EL /15 g	2 EL + 1½ TL /19 g

NÄHRWERTE PRO 100 G

MAKRONÄHRSTOFFE

■ MINERALST. ■ PROTEINE ■ BALLASTST.
■ FETTE ■ KOHLENHYDRATE

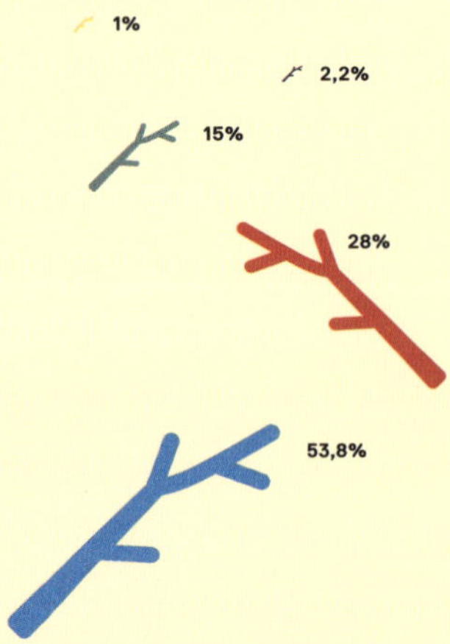

Huhn und Schwein mit Gemüsereis

Seite 76

TÄGLICHE FUTTERMENGE

ZUTATEN	GEWICHT DES HUNDES					
Gewicht des Hundes	5 kg	10 kg	15 kg	20 kg	30 kg	40 kg
weißer Reis	1½ EL /20 g	3 EL /35 g	45 g	55 g	75 g	95 g
grüne Bohnen	30 g	50 g	70 g	85 g	115 g	145 g
Karotten	30 g	50 g	70 g	85 g	115 g	145 g
Schweinefleisch	90 g	155 g	205 g	255 g	345 g	430 g
Hühnerklein	30 g	50 g	70 g	85 g	115 g	145 g
Nahrungsergänzung	1 geh. TL /3 g	2 TL /5 g	1 gestr. EL /7 g	1 geh. EL /8 g	1 EL + 2 TL /12 g	2 gestr. EL /14 g
Sonnenblumenöl	1 gestr. TL	1 geh. TL	2 gestr. TL	2 geh. TL	1 gestr. EL	1 EL

NÄHRWERTE PRO 100 G

MAKRONÄHRSTOFFE

■ MINERALST. ■ PROTEINE ■ BALLASTST.
■ FETTE ■ KOHLENHYDRATE

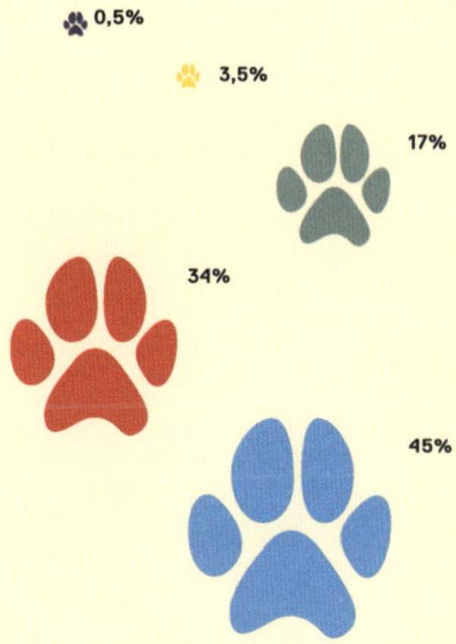

Enten-Quinoa-Salat

Seite 77

TÄGLICHE FUTTERMENGE

ZUTATEN	GEWICHT DES HUNDES					
Gewicht des Hundes	5 kg	10 kg	15 kg	20 kg	30 kg	40 kg
Quinoa	4 EL /40 g	6½ EL /65 g	90 g	115 g	155 g	190 g
Entenbrust	50 g	85 g	115 g	140 g	190 g	240g
Karotten	3 EL /30 g	5 EL /50 g	70 g	85 g	115 g	145 g
Zucchini	3 EL /30 g	5 EL /50 g	70 g	85 g	115 g	145 g
Leinöl	1 gestr. TL	1 TL	1½ TL	2 TL	1 EL	3½ TL
Sonnenblumenöl	1 gestr. TL	1 TL	1½ TL	2 TL	1 EL	3½ TL
natives Olivenöl extra	1 gestr. TL	1 TL	1½ TL	2 TL	1 EL	3½ TL
Nahrungsergänzung	2 TL /5 g	1 geh. EL /8 g	1 EL + 1⅓ TL /11 g	2 gestr. EL /14 g	2 EL + 1½ TL /19 g	3¼ EL /24 g

NÄHRWERTE PRO 100 G

MAKRONÄHRSTOFFE

■ MINERALST. ■ PROTEINE ■ BALLASTST.
■ FETTE ■ KOHLENHYDRATE

Kaninchen mit Kartoffeln und Kefir

Seite 78

TÄGLICHE FUTTERMENGE

ZUTATEN	GEWICHT DES HUNDES					
Gewicht des Hundes	5 kg	10 kg	15 kg	20 kg	30 kg	40 kg
Kaninchenkeule	110 g	185 g	250 g	310 g	420 g	525 g
Kartoffeln	110 g	185 g	250 g	310 g	420 g	525 g
Kefir	40 ml	65 ml	90 ml	115 ml	155 ml	190 ml
Maiskeimöl	1 TL	1 EL	1 EL	4 TL	5 TL	7 TL
Nahrungsergänzung	1⅔ TL /4 g	1 gestr. EL /7 g	1 EL + ½ TL /9 g	1 EL + 1⅓ TL /11 g	2 EL /15 g	2 EL + 1½ TL /19 g

NÄHRWERTE PRO 100 G

MAKRONÄHRSTOFFE

■ MINERALST. ■ PROTEINE ■ BALLASTST.
■ FETTE ■ KOHLENHYDRATE

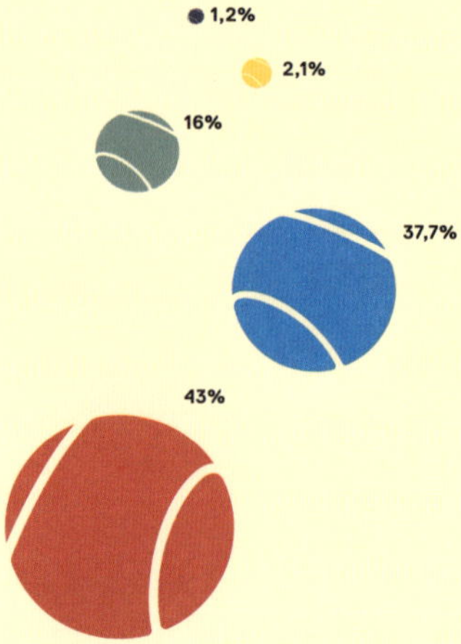

Maisnudeln mit Kaninchen

Seite 80

TÄGLICHE FUTTERMENGE

ZUTATEN	GEWICHT DES HUNDES					
Gewicht des Hundes	5 kg	10 kg	15 kg	20 kg	30 kg	40 kg
Maisnudeln	35 g	60 g	80 g	100 g	135 g	165 g
Kürbis	40 g	65 g	90 g	115 g	155 g	190 g
Zucchini	40 g	65 g	90 g	115 g	155 g	190 g
Kaninchenkeule	70 g	110 g	150 g	185 g	250 g	310 g
Maiskeimöl	1½ TL	1 EL	4 TL	5 TL	7 TL	3 EL
Nahrungsergänzung	1⅔ TL /4 g	1 gestr. EL /7 g	1 EL + ½ TL /9 g	1 EL + 1⅓ TL /11 g	2 EL /15 g	2 EL + 1½ TL /19 g

NÄHRWERTE PRO 100 G

MAKRONÄHRSTOFFE

■ MINERALST. ■ PROTEINE ■ BALLASTST.
■ FETTE ■ KOHLENHYDRATE

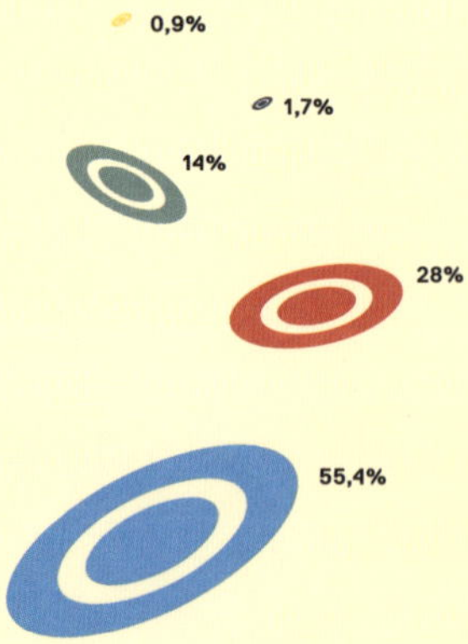

Schweinefleisch mit grünen Bohnen

Seite 81

TÄGLICHE FUTTERMENGE

ZUTATEN	GEWICHT DES HUNDES					
Gewicht des Hundes	5 kg	10 kg	15 kg	20 kg	30 kg	40 kg
Hartweizennudeln	40 g	65 g	90 g	115 g	150 g	190 g
Schweinefleisch	90 g	150 g	205 g	255 g	345 g	430 g
getrockneter Rosmarin	¼ TL	¼ TL	2 TL	¾ TL	1 TL	1 TL
Schmalz oder Talg	½ TL	¾ TL	1 TL	2 TL	2½ TL	4 TL
grüne Bohnen	3 EL /35 g	3½ EL 60 g	80 g	100 g	135 g	165 g
Sonnenblumenöl	½ TL	¾ TL	1 TL	1¼ TL	1½ TL	2 TL
Nahrungsergänzung	1⅔ TL /4 g	1 gestr. EL /7 g	1 EL + ½ TL /9 g	1 EL + 1⅓ TL /11 g	2 EL /15 g	2 EL + 1½ TL /19 g

NÄHRWERTE PRO 100 G

MAKRONÄHRSTOFFE

■ MINERALST. ■ PROTEINE ■ BALLASTST.
■ FETTE ■ KOHLENHYDRATE

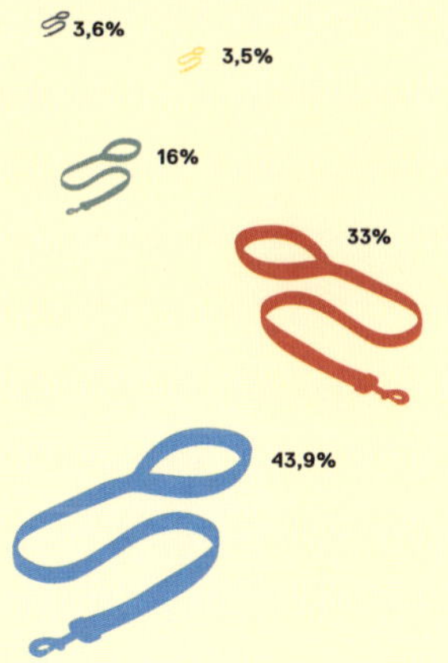

Nudelsalat mit Schweinefleisch, Chicorée und Joghurt

Seite 82

TÄGLICHE FUTTERMENGE

ZUTATEN	GEWICHT DES HUNDES					
Gewicht des Hundes	5 kg	10 kg	15 kg	20 kg	30 kg	40 kg
Hartweizennudeln	35 g	60 g	80 g	100 g	135 g	165 g
Schweinefleisch	70 g	120 g	160 g	200 g	270 g	330 g
Vollmilchjoghurt	30 ml	50 ml	70 ml	3 EL + 2 TL /85 ml	115 ml	145 ml
Nahrungsergänzung	1⅔ TL /4 g	1 gestr. EL /7 g	1 EL + ½ TL /9 g	1 EL + 1⅓ TL /11 g	2 EL /15 g	2 EL + 1½ TL /19 g
Chicorée	5 Blätter /30 g	½ Knospe /50 g	¾ Knospe /70 g	1 Knospe /85 g	1⅓ Knospen /115 g	1¾ Knospen/145 g
Sonnenblumenöl	1 TL	2 TL	2½ TL	1 EL	4 TL	5 TL

NÄHRWERTE PRO 100 G

MAKRONÄHRSTOFFE

■ MINERALST. ■ PROTEINE ■ BALLASTST.
■ FETTE ■ KOHLENHYDRATE

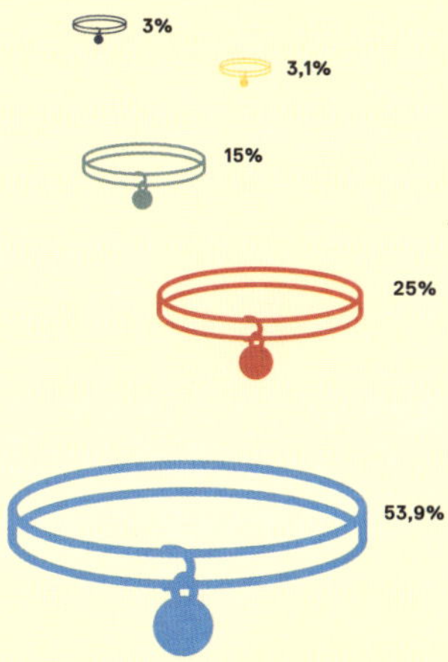

Surf-and-Turf-Polenta

Seite 83

TÄGLICHE FUTTERMENGE

ZUTATEN	GEWICHT DES HUNDES					
Gewicht des Hundes	5 kg	10 kg	15 kg	20 kg	30 kg	40 kg
Hühnerbrust	50 g	85 g	115 g	140 g	190 g	240 g
Seehecht	80 g	135 g	185 g	225 g	305 g	380 g
grüne Bohnen	3 EL /20 g	35 g	45 g	65 g	75 g	95 g
Polentagrieß	40 g	65 g	90 g	115 g	155 g	190 g
Sonnenblumenöl	½ TL	¾ TL	1 TL	1½ TL	1 EL	1½ EL
Flohsamenschalen	¼ TL	½ TL	1 TL	1 geh. TL	1¼ TL	2 EL
Nahrungsergänzung	1⅔ TL /4 g	1 gestr. EL /7 g	1 EL + ½ TL /9 g	1 EL + 1⅓ TL /11 g	2 EL /15 g	2 EL + 1½ TL /19 g

NÄHRWERTE PRO 100 G

MAKRONÄHRSTOFFE

■ MINERALST. ■ PROTEINE ■ BALLASTST.
■ FETTE ■ KOHLENHYDRATE

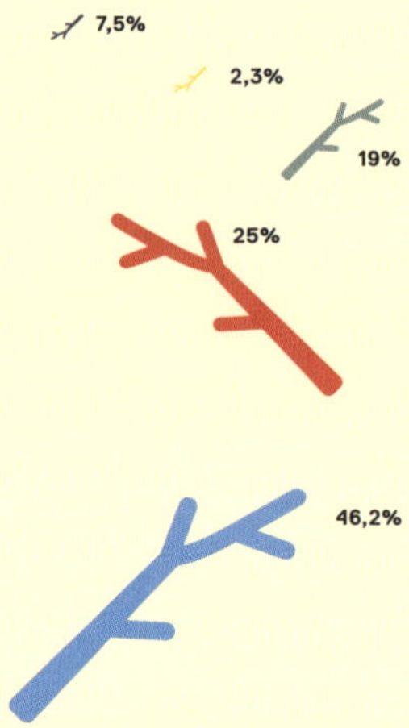

Reis-Kartoffel-Ring mit Surf and Turf

Seite 84

TÄGLICHE FUTTERMENGE

ZUTATEN	GEWICHT DES HUNDES					
Gewicht des Hundes	5 kg	10 kg	15 kg	20 kg	30 kg	40 kg
weißer Reis	2 EL /30 g	3 EL /50 g	70 g	85 g	115 g	145 g
Kartoffeln	3 EL /30 g	85 g	115 g	140 g	190 g	240 g
Kabeljau	40 g	65 g	90 g	115 g	155 g	190 g
Kalbfleisch	60 g	100 g	135 g	170 g	230 g	285 g
Schweineschmalz	1 TL	2 TL	1 EL	3½ TL	4 TL	2 EL
Nahrungsergänzung	1⅔ TL /4 g	1 gestr. EL /7 g	1 EL + ½ TL /9 g	1 EL + 1⅓ TL /11 g	2 EL /15 g	2 EL + 1½ TL /19 g
Maiskeimöl	1 TL	1½ TL	2 TL	2½ TL	3½ TL	4 TL

NÄHRWERTE PRO 100 G

MAKRONÄHRSTOFFE

■ MINERALST. ■ PROTEINE ■ BALLASTST.
■ FETTE ■ KOHLENHYDRATE

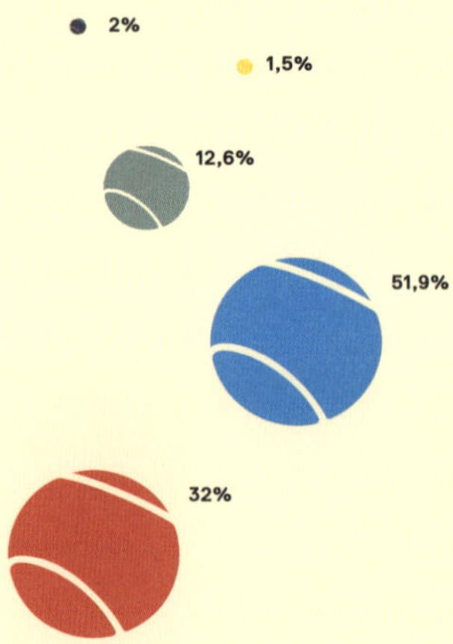

Nudeln mit Zucchini und Lamm

Seite 87

TÄGLICHE FUTTERMENGE

ZUTATEN	GEWICHT DES HUNDES					
Gewicht des Hundes	5 kg	10 kg	15 kg	20 kg	30 kg	40 kg
Hartweizennudeln	40 g	70 g	90 g	115 g	155 g	190 g
Zucchini	40 g	70 g	90 g	115 g	155 g	190 g
Lammfleisch	70 g	120 g	160 g	200 g	270 g	335 g
Rinderherz	25 g	40 g	60 g	70 g	95 g	120 g
Sonnenblumenöl	¼ TL	½ TL	⅔ TL	¾ TL	1 TL	1½ TL
Nahrungsergänzung	1⅔ TL /4 g	1 gestr. EL /7 g	1 EL + ½ TL /9 g	1 EL + 1⅓ TL /11 g	2 EL /15 g	2 EL + 1½ TL /19 g

NÄHRWERTE PRO 100 G

MAKRONÄHRSTOFFE

■ MINERALST. ■ PROTEINE ■ BALLASTST.
■ FETTE ■ KOHLENHYDRATE

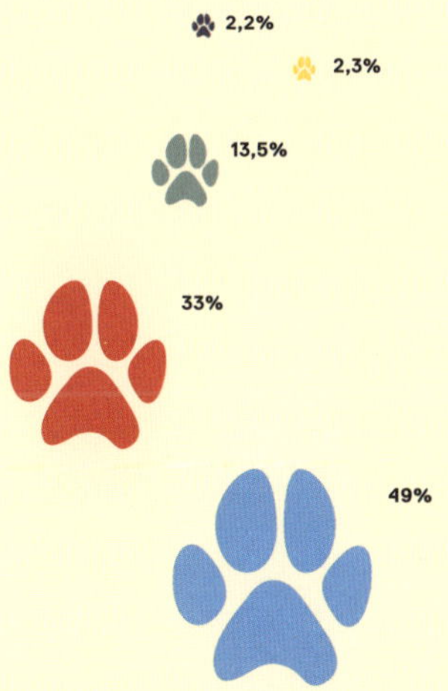

Couscous mit Rindfleisch und Gemüse

Seite 88

TÄGLICHE FUTTERMENGE

ZUTATEN	GEWICHT DES HUNDES					
Gewicht des Hundes	5 kg	10 kg	15 kg	20 kg	30 kg	40 kg
Couscous	40 g	70 g	90 g	110 g	150 g	190 g
Rindfleisch	80 g	135 g	180 g	230 g	310 g	380g
Erbsen	2 EL /20 g	3 EL /35 g	50 g	60 g	80 g	95 g
Karotten	2½ EL /30 g	3 EL /50 g	5 EL /70 g	85 g	115 g	145 g
Sonnenblumenöl	1 TL	1 TL	2 TL	2½ TL	1 EL	3½ TL
Nahrungsergänzung	1⅔ TL /4 g	1 gestr. EL /7 g	1 EL + ½ TL /9 g	1 EL + 1⅓ TL /11 g	2 EL /15 g	2 EL + 1½ TL /19 g

NÄHRWERTE PRO 100 G

MAKRONÄHRSTOFFE

■ MINERALST. ■ PROTEINE ■ BALLASTST.
■ FETTE ■ KOHLENHYDRATE

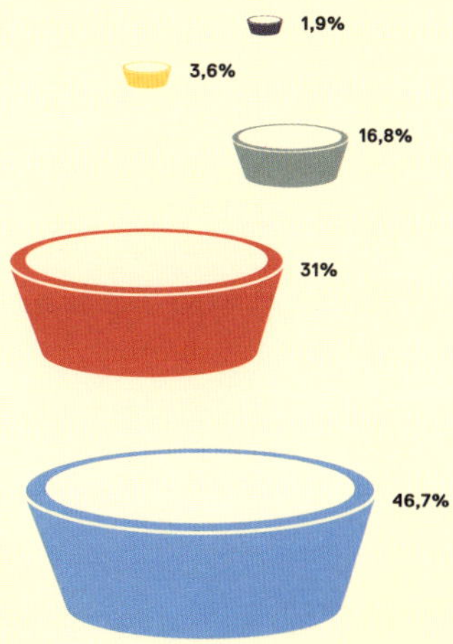

Buchweizen mit Beeren und Rindfleisch

Seite 89

TÄGLICHE FUTTERMENGE

ZUTATEN	GEWICHT DES HUNDES					
Gewicht des Hundes	5 kg	10 kg	15 kg	20 kg	30 kg	40 kg
Buchweizen	50 g	85 g	115 g	140 g	190 g	240 g
mageres Rindfleisch	60 g	100 g	140 g	170 g	230 g	285 g
Rindermilz	20 g	35 g	45 g	60 g	80 g	95 g
Beeren	2 TL /5 g	4 TL /10 g	4 TL /10 g	1 EL /15 g	1½ EL /20 g	1¾ EL /25 g
Maiskeimöl	1 TL	2 TL	2½ TL	1 EL	4 TL	1½ EL
Nahrungsergänzung	2 TL /5 g	1 geh. EL /8 g	1 EL + 1⅓ TL /11 g	2 gestr. EL /14 g	2 EL + 1½ TL /19 g	3¼ EL /24 g

NÄHRWERTE PRO 100 G

MAKRONÄHRSTOFFE

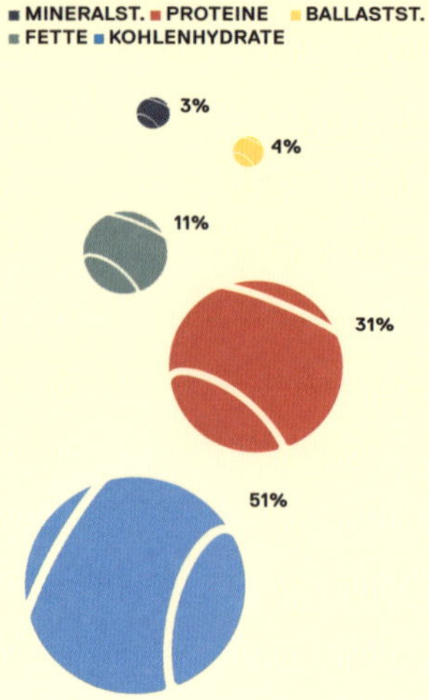

Warmer Buchweizen mit Schweinefleisch und Beeren

Seite 91

TÄGLICHE FUTTERMENGE

ZUTATEN	GEWICHT DES HUNDES					
Gewicht des Hundes	5 kg	10 kg	15 kg	20 kg	30 kg	40 kg
Buchweizen	3 EL /30 g	6 EL /50 g	70 g	85 g	115 g	145 g
Schweinefleisch	70 g	120 g	160 g	200 g	270 g	330 g
Schweinherz	20 g	35 g	45 g	60 g	75 g	95 g
Maiskeimöl	1 TL	1½ TL	2 TL	1 EL	3½ TL	4 TL
Nahrungsergänzung	1⅔ TL /4 g	1 gestr. EL /7 g	1 EL + ½ TL /9 g	1 EL + 1⅓ TL /11 g	2 EL /15 g	2 EL + 1½ TL /19 g
Beeren	2 TL /5g	1 EL /8 g	2 EL /11 g	2½ EL /14 g	3 EL /19 g	24 g
Apfel	1½ TL /5 g	45 g	45 g	60 g	115g	145 g

NÄHRWERTE PRO 100 G

MAKRONÄHRSTOFFE

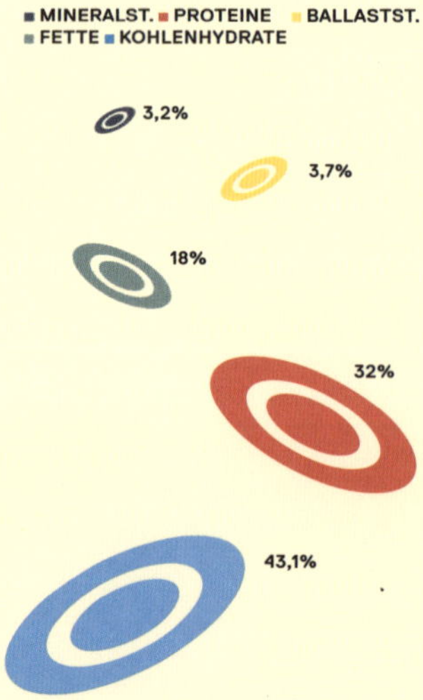

Eintopf vom Schwein und Huhn mit Reis

Seite 92

TÄGLICHE FUTTERMENGE

ZUTATEN	GEWICHT DES HUNDES					
Gewicht des Hundes	5 kg	10 kg	15 kg	20 kg	30 kg	40 kg
weißer Reis	3 EL /30 g	50 g	70 g	85 g	115 g	145 g
Karotten	3 EL /40 g	3½ EL /65 g	90 g	115 g	155 g	190 g
natives Olivenöl extra	¼ TL	¾ TL	1 gestr. TL	1 TL	1½ TL	2 TL
Hühnerleber	40 g	65 g	90 g	115 g	155 g	190 g
Hühnerfleisch	20 g	35 g	45 g	55 g	70 g	95 g
Schweinefleisch	30 g	50 g	70 g	85 g	115 g	145 g
Sonnenblumenöl	¼ TL	¾ TL	1 gestr. TL	1 TL	1½ TL	2 TL
Nahrungsergänzung	1⅔ TL /4 g	1 gestr. EL /7 g	1 EL + ½ TL /9 g	1 EL+ 1⅓ TL /11 g	2 EL /15 g	2 EL + 1½ TL /19 g

NÄHRWERTE PRO 100 G

MAKRONÄHRSTOFFE

■ MINERALST. ■ PROTEINE ■ BALLASTST.
■ FETTE ■ KOHLENHYDRATE

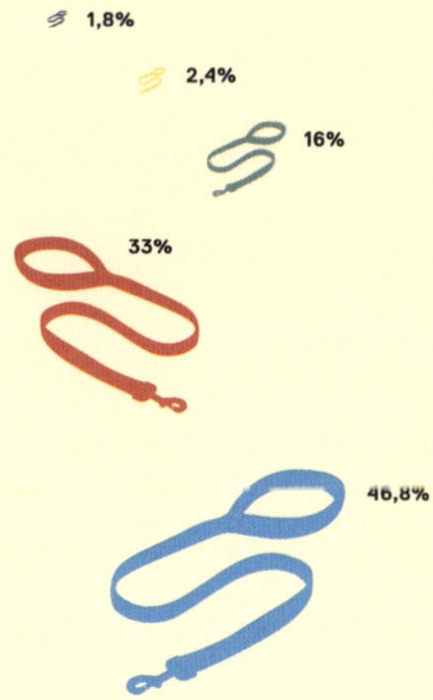

Graupen mit Pute, Rindfleisch und Karotten

Seite 93

TÄGLICHE FUTTERMENGE

ZUTATEN	GEWICHT DES HUNDES					
Gewicht des Hundes	5 kg	10 kg	15 kg	20 kg	30 kg	40 kg
Perlgraupen	3 EL /35 g	60 g	80 g	100 g	135 g	165 g
Putenbrust	50 g	85 g	115 g	140 g	190 g	240 g
Rinderkutteln	25 g	40 g	55 g	70 g	95 g	120 g
Karotten	3 EL /20 g	35 g	45 g	55 g	80 g	95 g
Maiskeimöl	2 TL	1 EL	1 ½ EL	2 TL	2¾ EL	3½ EL
Nahrungsergänzung	1 geh. TL /3 g	2 TL /5 g	1 gestr. EL /7 g	1 geh. EL /8 g	1 EL + 1½ TL /12 g	2 gestr. EL /14 g

NÄHRWERTE PRO 100 G

MAKRONÄHRSTOFFE

■ MINERALST. ■ PROTEINE ■ BALLASTST.
■ FETTE ■ KOHLENHYDRATE

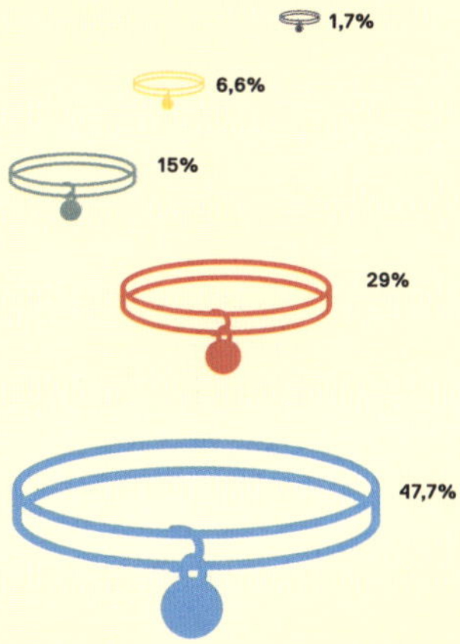

Reis-Käse-Bällchen mit Eintopf

Seite 94

TÄGLICHE FUTTERMENGE

ZUTATEN	GEWICHT DES HUNDES					
Gewicht des Hundes	5 kg	10 kg	15 kg	20 kg	30 kg	40 kg
weißer Reis	3 EL /30 g	5 EL /50 g	70 g	85 g	125 g	145 g
Cheddar	6 EL /30 g	50 g	70 g	90 g	115 g	145 g
Karotten	50 g	85 g	115 g	140 g	190 g	240 g
mageres Kalbfleisch	40 g	70 g	90 g	115 g	155 g	190 g
Sonnenblumenöl	½ TL	1 TL	1½ TL	2 TL	2½ TL	1 EL
Nahrungsergänzung	1⅔ TL /4 g	1 gestr. EL /7 g	1 EL + ½ TL /9 g	1 EL+ 1⅓ TL /11 g	2 EL /15 g	2 EL + 1½ TL /19 g

NÄHRWERTE PRO 100 G

MAKRONÄHRSTOFFE

■ MINERALST. ■ PROTEINE ■ BALLASTST.
■ FETTE ■ KOHLENHYDRATE

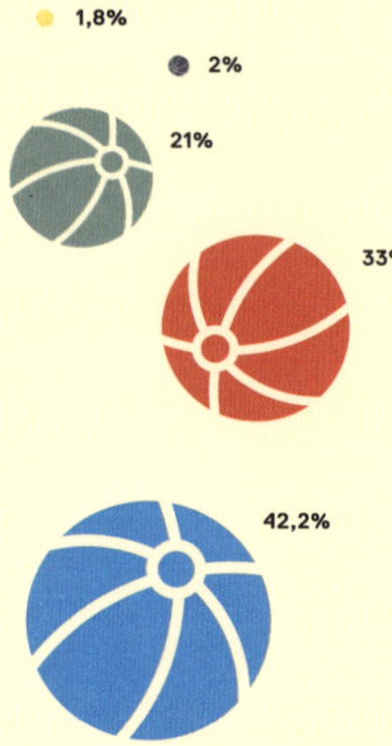

Rosmarin-Polenta mit Schweinefleischbällchen

Seite 95

TÄGLICHE FUTTERMENGE

ZUTATEN	GEWICHT DES HUNDES					
Gewicht des Hundes	5 kg	10 kg	15 kg	20 kg	30 kg	40 kg
Polentagrieß	40 g	65 g	85 g	110 g	145 g	180 g
Ricotta	2 EL /30 g	3 EL /50 g	70 g	85 g	115 g	145 g
Schweinefleisch	70 g	120 g	160 g	200 g	270 g	335 g
Zucchini	30 g	50 g	70 g	85 g	115 g	145 g
Nahrungsergänzung	1⅔ TL /4 g	1 gestr. EL /7 g	1 EL + ½ TL /9 g	1 EL+ 1⅓ TL /11 g	2 EL /15 g	2 EL + 1½ TL /19 g
getrockneter Rosmarin	1 TL /2,5 g	1⅓ TL /4 g	2⅓ TL /6 g	1 EL /7,5 g	1 EL + ½ TL /8,75 g	1 EL + 1 TL /10 g
Sonnenblumenöl	¼ TL	½ TL	¾ TL	1 TL	1¼ TL	1½ TL

NÄHRWERTE PRO 100 G

MAKRONÄHRSTOFFE

■ MINERALST. ■ PROTEINE ■ BALLASTST.
■ FETTE ■ KOHLENHYDRATE

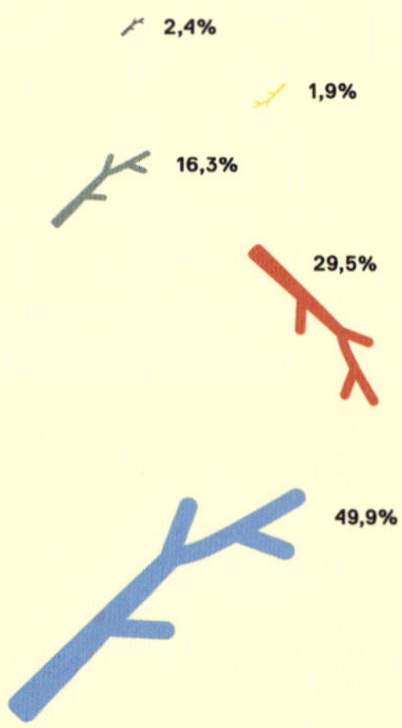

Rinderroulade mit Kartoffeln

Seite 96

TÄGLICHE FUTTERMENGE

ZUTATEN	GEWICHT DES HUNDES					
Gewicht des Hundes	5 kg	10 kg	15 kg	20 kg	30 kg	40 kg
Kartoffeln	120 g	200 g	275 g	340 g	460 g	570 g
Kefir	80 ml	135 ml	180 ml	225 ml	310 ml	380 ml
mageres Kalbfleisch	120 g	200 g	275 g	340 g	460 g	570 g
Nahrungsergänzung	1⅔ TL /4 g	1 gestr. EL /7 g	1 EL + ½ TL /9 g	1 EL + 1⅓ TL /11 g	2 EL /15 g	2 EL + 1½ TL /19 g
Leinöl	1 TL	2 TL	2½ TL	3 TL	1 EL	1⅓ EL

NÄHRWERTE PRO 100 G

MAKRONÄHRSTOFFE

MINERALST. PROTEINE BALLASTST. FETTE KOHLENHYDRATE

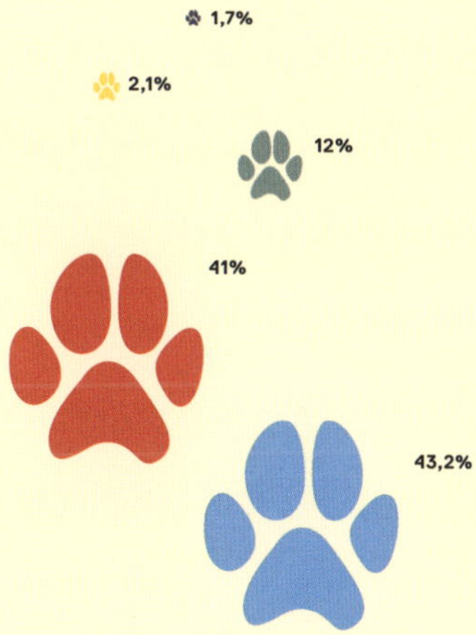

Nudeln mit Kürbis und Polenta

Seite 98

TÄGLICHE FUTTERMENGE

ZUTATEN	GEWICHT DES HUNDES					
Gewicht des Hundes	5 kg	10 kg	15 kg	20 kg	30 kg	40 kg
Hartweizennudeln	20 g	35 g	45 g	65 g	75 g	95 g
Kürbis	40 g	65 g	90 g	115 g	155 g	190 g
Polentagrieß	1½ EL /13 g	35 g	45 g	55 g	75 g	95 g
Kalbfleisch	80 g	135 g	185 g	225 g	305 g	380 g
Nahrungsergänzung	2⅓ TL /6 g	1 EL + 1 TL /10 g	2 gestr. EL /14 g	2 EL + ¾ TL /17 g	3 EL /23 g	3⅞ EL /29 g
Maiskeimöl	1 TL	1 ¼ TL	1½ TL	2 TL	1 EL	1 ½ EL

NÄHRWERTE PRO 100 G

MAKRONÄHRSTOFFE

MINERALST. PROTEINE BALLASTST. FETTE KOHLENHYDRATE

Rindergulasch mit Reis und Apfel

Seite 99

TÄGLICHE FUTTERMENGE

ZUTATEN	GEWICHT DES HUNDES					
Gewicht des Hundes	**5 kg**	**10 kg**	**15 kg**	**20 kg**	**30 kg**	**40 kg**
weißer Reis	2 EL /20 g	3 EL /35 g	45 g	55 g	75 g	95 g
Parmesan	4 TL /20 g	35 g	45 g	55 g	75 g	95 g
Schweineschmalz	1 TL	2 TL	2 EL	1 EL	4 TL	5 TL
Rindfleisch	100 g	170 g	230 g	285 g	385 g	475 g
Sonnenblumenöl	1 gestr. TL	1 TL	2 TL	2 TL	1 EL	3½ TL
Leinöl	1 gestr. TL	1 TL	2 TL	2 TL	1 EL	3½ TL
Lachsöl	1 gestr. TL	1 TL	2 TL	2 TL	1 EL	3½ TL
Nahrungsergänzung	2 TL /5 g	1 EL + ⅓ TL /8 g	1 EL + 2⅓ TL /11 g	2 gestr. EL /14 g	2 EL + 1⅔ TL /19 g	3 EL + ⅓ TL /24 g
Apfel	50 g	85 g	115 g	140 g	190 g	240 g

NÄHRWERTE PRO 100 G

MAKRONÄHRSTOFFE

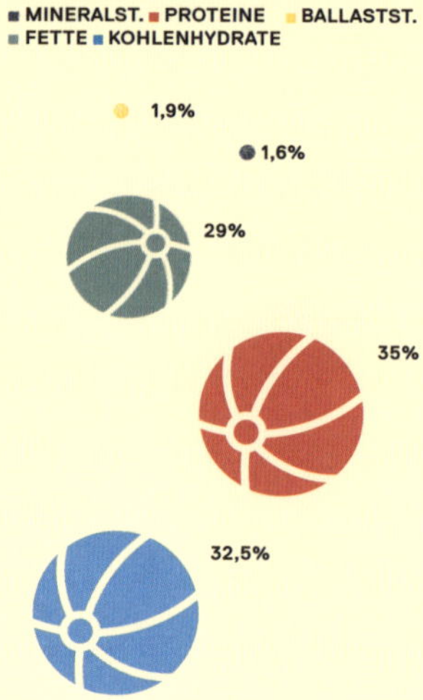

Rindfleisch mit Gemüse und Ingwer

Seite 100

TÄGLICHE FUTTERMENGE

ZUTATEN	GEWICHT DES HUNDES					
Gewicht des Hundes	**5 kg**	**10 kg**	**15 kg**	**20 kg**	**30 kg**	**40 kg**
Rindfleisch	70 g	125 g	170 g	210 g	285 g	360 g
Karotten	2 EL /30 g	50 g	70 g	85 g	115 g	145 g
Zucchini	30 g	50 g	70 g	85 g	115 g	145 g
weißer Reis	3 EL /35 g	60 g	80 g	100 g	135 g	170 g
Sonnenblumenöl	½ TL	1 TL	1 TL	1½ TL	2 TL	2½ TL
Kokosöl	knapp ½ TL	½ TL	1 gestr. TL	1 TL	1½ TL	2 TL
Leinöl	½ TL	1 TL	1 TL	1½ TL	2 TL	2½ TL
Nahrungsergänzung	1 geh. TL /3 g	2 TL /5 g	1 EL /7 g	1 EL + ½ TL /9 g	1 EL + 1 ½ TL /11 g	2 EL /14 g
Parmesan,	2 TL /5 g	1 EL /8 g	4 TL /10 g	2 gestr. EL /15 g	6 TL /20 g	3 EL /25 g
Ingwer	¼ TL /1 g	⅓ TL /2 g	⅓ TL /2 g	½ TL /3 g	1 TL /4 g	1¼ TL /5 g

NÄHRWERTE PRO 100 G

MAKRONÄHRSTOFFE

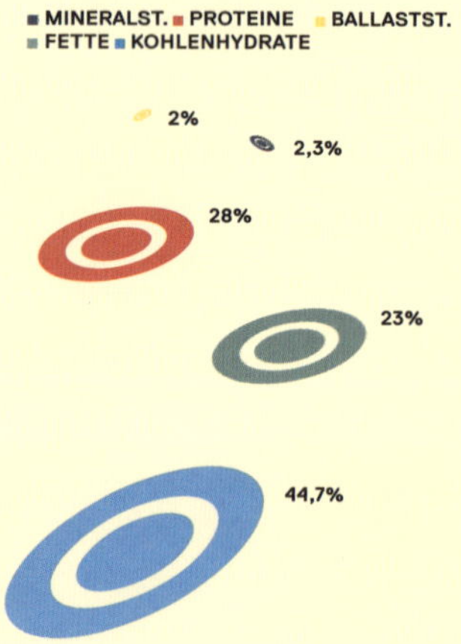

Schichtreis

Seite 102

TÄGLICHE FUTTERMENGE

ZUTATEN	GEWICHT DES HUNDES					
Gewicht des Hundes	5 kg	10 kg	15 kg	20 kg	30 kg	40 kg
Naturreis	45 g	75 g	100 g	125 g	175 g	215 g
Lachs	35 g	60 g	80 g	100 g	135 g	165 g
Kürbis	1½ EL /12 g	35 g	45 g	55 g	75 g	95 g
Putenbrust	25 g	40 g	60 g	70 g	95 g	120 g
Kalbfleisch	25 g	40 g	60 g	70 g	95 g	120 g
Nahrungsergänzung	1⅔ TL /4 g	1 gestr. EL /7 g	1 EL + ⅔ TL /9 g	1 EL + 2⅓ TL /11 g	2 EL /15 g	2 EL + 1⅔ TL /19 g
Maiskeimöl	½ TL	1 TL	2 TL	2½ TL	1 EL	4 TL

NÄHRWERTE PRO 100 G

MAKRONÄHRSTOFFE

■ MINERALST. ■ PROTEINE ■ BALLASTST.
■ FETTE ■ KOHLENHYDRATE

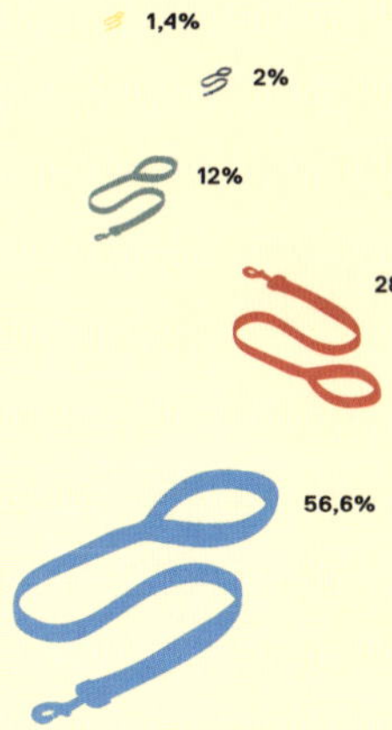

Bohneneintopf mit Reis und Beeren

Seite 103

TÄGLICHE FUTTERMENGE

ZUTATEN	GEWICHT DES HUNDES					
Gewicht des Hundes	5 kg	10 kg	15 kg	20 kg	30 kg	40 kg
Puffreis	30 g	50 g	70 g	85 g	115 g	145 g
Hühnerfleisch	45 g	75 g	105 g	130 g	175 g	215 g
grüne Bohnen	4 EL /35 g	60 g	80 g	100 g	135 g	165 g
Kalbfleisch	45 g	75 g	105 g	130 g	175 g	215 g
Nahrungsergänzung	1⅔ TL /4 g	1 gestr. EL /7 g	1 EL + ⅔ TL /9 g	1 EL + 2⅓ TL /11 g	2 EL /14 g	2 EL + 1⅔ TL /19 g
Beeren	2 TL /5 g	1 EL /8 g	2 EL /11 g	3 EL /14 g	3 EL /19 g	3½ EL /24 g
Sonnenblumenöl	2 TL	1 EL	4 TL	5 TL	2 EL	2½ EL

NÄHRWERTE PRO 100 G

MAKRONÄHRSTOFFE

■ MINERALST. ■ PROTEINE ■ BALLASTST.
■ FETTE ■ KOHLENHYDRATE

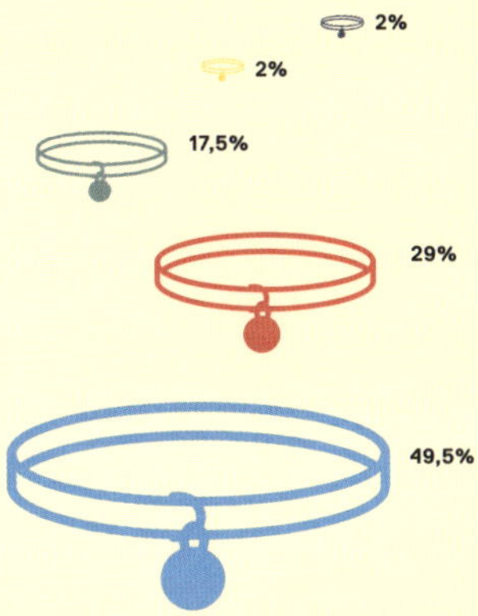

Surf and Turf mit Spirulina

Seite 104

TÄGLICHE FUTTERMENGE

ZUTATEN	GEWICHT DES HUNDES					
Gewicht des Hundes	5 kg	10 kg	15 kg	20 kg	30 kg	40 kg
Rindfleisch	30 g	50 g	70 g	85 g	115 g	145 g
Rinderherz	20 g	35 g	45 g	55 g	80 g	95 g
Rinderkutteln	30 g	50 g	70 g	85 g	115 g	145 g
Karotten	50 g	85 g	115 g	140 g	190 g	240 g
Kürbiskernmehl	1 gestr. TL /5 g	1 TL /10 g	1 TL /10 g	2½ TL /15 g	1 EL /20 g	1¼ EL /25 g
Spirulina-Pulver	1 TL /2 g	1 ½ TL /3 g	2 TL /5 g	2½ TL /6 g	1 EL /8 g	4 TL /10 g
Forelle	30 g	50 g	70 g	85 g	115 g	145 g
grüne Bohnen	30 g	50 g	70 g	85 g	115 g	145 g
Sonnenblumenöl	2 TL	3 ½ TL	4 ½ TL	2 EL	7½ TL	3 EL + 1 TL
Nahrungsergänzung	1 gestr. TL /2 g	1 geh. TL /3 g	2 TL /5 g	2½ TL /6 g	1 geh. EL /8 g	1 EL + 1 TL /10 g
Parmesan	2 EL /10 g	15 g	25 g	30 g	40 g	50 g
Pinienkerne	2 TL	1 EL	1½ EL	2 EL	3 gestr. EL	3 geh. EL

NÄHRWERTE PRO 100 G

MAKRONÄHRSTOFFE

■ MINERALST. ■ PROTEINE ■ BALLASTST.
■ FETTE ■ KOHLENHYDRATE

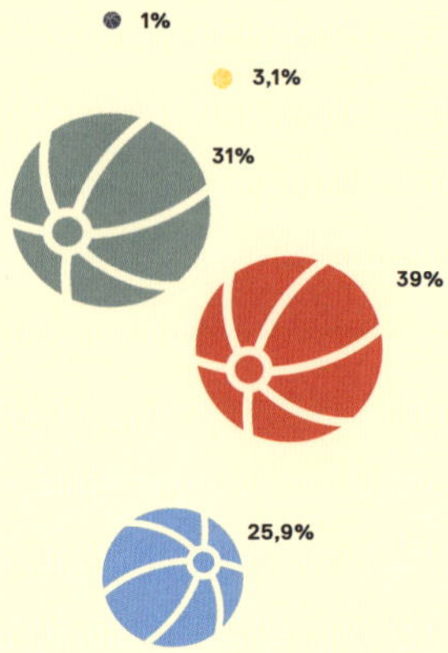

Dreierlei Tatar

Seite 106

TÄGLICHE FUTTERMENGE

ZUTATEN	GEWICHT DES HUNDES					
Gewicht des Hundes	5 kg	10 kg	15 kg	20 kg	30 kg	40 kg
Karotten	40 g	70 g	90 g	115 g	155 g	190 g
Nahrungsergänzung	1⅔ TL /4 g	1 gestr. EL /7 g	1 EL + ⅔ TL /9 g	1 EL + 2⅓ TL /11 g	2 EL /14 g	2 EL + 1⅔ TL /19 g
Spirulina-Pulver	¾ TL /3 g	1 TL /5 g	1 geh. TL /7 g	2 gestr. TL /8 g	2½ TL /12 g	1 EL /14 g
Hühnerklein	30 g	50 g	70 g	85 g	115 g	145 g
Erbsen	3½ EL /30 g	50 g	70 g	85 g	115 g	145 g
Rindfleisch	30 g	50 g	70 g	85 g	115 g	145 g
Kaninchen	30 g	45 g	65 g	80 g	105 g	135 g
Maiskeimöl	½ TL	1 TL	1¼ TL	1¼ TL	¾ EL	1 EL
Lachs	20 g	30 g	40 g	50 g	70 g	85 g
Pinienkerne	1 TL /5 g	1 geh. TL /8 g	¾ EL /10 g	1 EL /15 g	1¼ EL /20 g	1½ EL /25 g
Kürbiskerne	1 TL /5 g	1½ TL /7 g	1¾ TL /11 g	1 EL /15 g	1½ EL /19 g	2½ EL /24 g
Lachsöl	½ TL	1 gestr. TL	1 TL	1¼ TL	¾ EL	1 EL

NÄHRWERTE PRO 100 G

MAKRONÄHRSTOFFE

■ MINERALST. ■ PROTEINE ■ BALLASTST.
■ FETTE ■ KOHLENHYDRATE

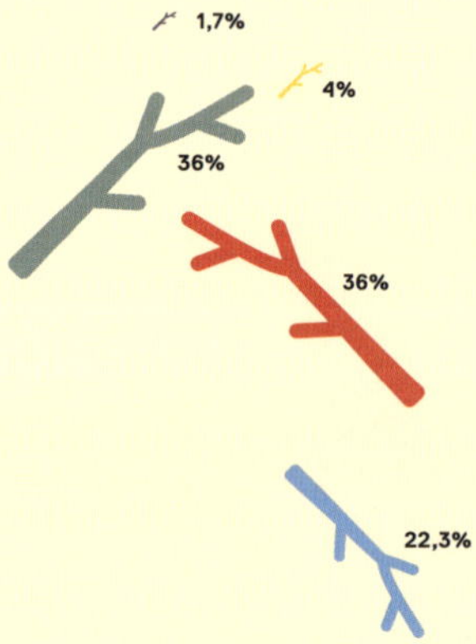

Lamm und Kabeljau mit Ei

TÄGLICHE FUTTERMENGE

ZUTATEN	GEWICHT DES HUNDES					
Gewicht des Hundes	5 kg	10 kg	15 kg	20 kg	30 kg	40 kg
Kabeljau	50 g	85 g	115 g	140 g	190 g	240 g
Lamm	30 g	50 g	70 g	85 g	115 g	145 g
Lachsöl	1 TL	1½ TL	2 TL	2 TL	1 EL	4 TL
Spirulina-Pulver	¾ TL /5 g	1 EL /8 g	1½ EL /11 g	2 EL /14 g	2½ EL /19 g	3½ EL /24 g
Kürbiskerne	1 EL /5 g	1 geh. EL /8 g	1½ EL /11 g	2 EL + 1 TL /14 g	3 EL /19 g	24 g
Karotten	70 g	120 g	160 g	200 g	270 g	335 g
Erbsen	50 g	85 g	115 g	140 g	190 g	240 g
Eier	55 g	90 g	120 g	150 g	205 g	250 g
Pinienkerne	2 TL /5 g	1 EL /8 g	4 TL /11 g	5 TL /14 g	7 TL /19 g	3 EL /24 g
Nahrungsergänzung	1⅔ TL /4 g	1 gestr. EL /7 g	1 EL + ⅔ TL /9 g	1 EL + 2⅓ TL /11 g	2 EL /14 g	2 EL + 1⅔ TL /19 g
Maiskeimöl	1 TL	1½ TL	2 TL	2 TL	1 EL	4 TL

NÄHRWERTE PRO 100 G

MAKRONÄHRSTOFFE

■ MINERALST. ■ PROTEINE ■ BALLASTST.
■ FETTE ■ KOHLENHYDRATE

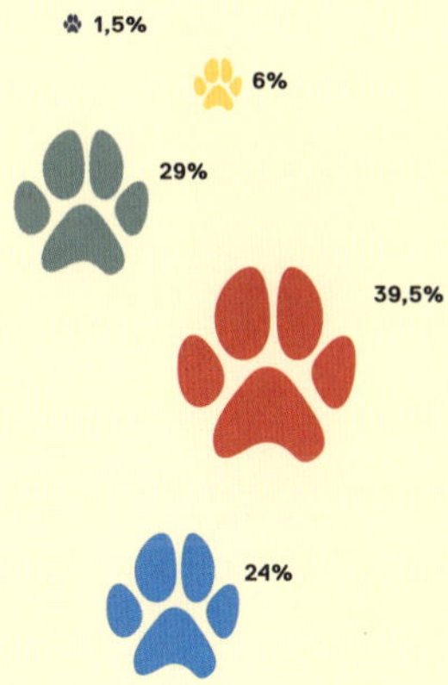

FUTTER FÜR ÄLTERE HUNDE

Reis-Eier-Gemüse-Kroketten

Seite 111

TÄGLICHE FUTTERMENGE

ZUTATEN	GEWICHT DES HUNDES					
Gewicht des Hundes	5 kg	10 kg	15 kg	20 kg	30 kg	40 kg
weißer Reis	2½ EL /30 g	65 g	90 g	115 g	155 g	190 g
Kürbis	3 EL /20 g	35 g	45 g	60 g	80 g	95 g
Eier	55 g	90 g	120 g	150 g	205 g	250 g
Parmesan	2 EL /10 g	3 EL /15 g	25 g	30 g	40 g	50 g
Karotten	2½ EL /20 g	35 g	45 g	55 g	80 g	95 g
Bierhefe	1 TL /4 g	1½ TL /7 g	2 TL /9 g	¾ EL /11 g	1 EL /15 g	1⅓ TL /19 g
Kokosöl	knapp ½ TL	½ TL	1 gestr. TL	1 TL	1½ TL	2 TL
Sonnenblumenöl	1 TL	1½ TL	2 TL	¾ EL	1 EL	1⅓ TL
Nahrungsergänzung	1⅕ TL /3 g	2 TL /5 g	1 gestr. EL /7 g	1 geh. EL /8 g	1 EL + 1 TL /12 g	2 EL /14 g

NÄHRWERTE PRO 100 G

MAKRONÄHRSTOFFE

■ MINERALST. ■ PROTEINE ■ BALLASTST.
■ FETTE ■ KOHLENHYDRATE

Eier-Nudeln

Seite 112

TÄGLICHE FUTTERMENGE

ZUTATEN	GEWICHT DES HUNDES					
Gewicht des Hundes	5 kg	10 kg	15 kg	20 kg	30 kg	40 kg
Vollkornnudeln	30 g	50 g	70 g	85 g	115 g	145 g
Butter	½ TL /2 g	¾ TL /3 g	1¼ TL /5 g	1⅓ TL /6 g	1¾ TL /8 g	2 EL /10 g
Kürbis	30 g	50 g	70 g	85 g	115 g	145 g
Karotten	3 EL /30 g	50 g	70 g	85 g	115 g	145 g
Rinderlunge	30 g	50 g	70 g	85 g	115 g	145 g
Eier	40 g	65 g	90 g	115 g	155 g	190 g
Kokosöl	1 TL	1½ TL	2 TL	2½ TL	1 EL	1½ EL
Leinöl	1 TL	1½ TL	2 TL	2½ TL	1 EL	1½ EL
Lachsöl	½ TL	¾ TL	1¼ TL	1⅓ TL	1¾ TL	2 TL
Nahrungsergänzung	1¼ TL /3 g	2 TL /5 g	1 gestr. EL /7 g	1 geh. EL /8 g	1 EL + 1½ TL /12 g	2 EL /14 g

NÄHRWERTE PRO 100 G

MAKRONÄHRSTOFFE

■ MINERALST. ■ PROTEINE ■ BALLASTST.
■ FETTE ■ KOHLENHYDRATE

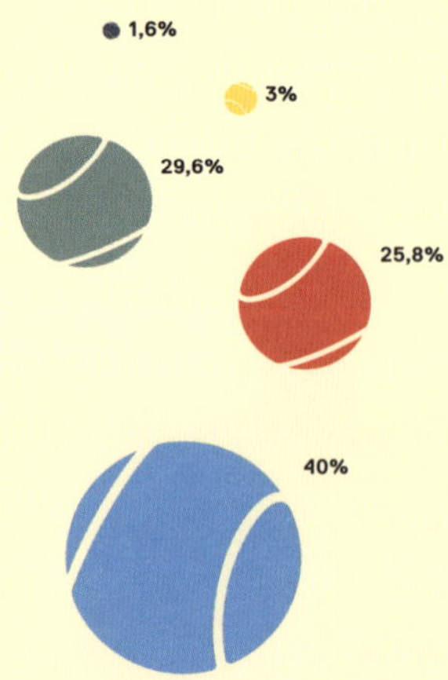

Reis-Zuccotto mit Pute

Seite 114

TÄGLICHE FUTTERMENGE

ZUTATEN	GEWICHT DES HUNDES					
Gewicht des Hundes	5 kg	10 kg	15 kg	20 kg	30 kg	40 kg
weißer Reis	2½ EL /30 g	60 g	75 g	95 g	130 g	160 g
Putenbrust	65 g	110 g	150 g	185 g	250 g	310 g
Chicorée	60 g	100 g	135 g	170 g	230 g	285 g
grüne Bohnen	60 g	100 g	135 g	170 g	230 g	285 g
Maiskeimöl	¾ TL	1½ TL	1 EL	1¼ EL	2½ EL	2 EL
Nahrungsergänzung	1⅔ TL /4 g	1 gestr. EL /7 g	1 EL + ⅔ TL /9 g	1 EL + 1 TL /11 g	2 EL + ½ TL /15 g	2½ EL /19 g

NÄHRWERTE PRO 100 G

MAKRONÄHRSTOFFE

■ MINERALST. ■ PROTEINE ■ BALLASTST. ■ FETTE ■ KOHLENHYDRATE

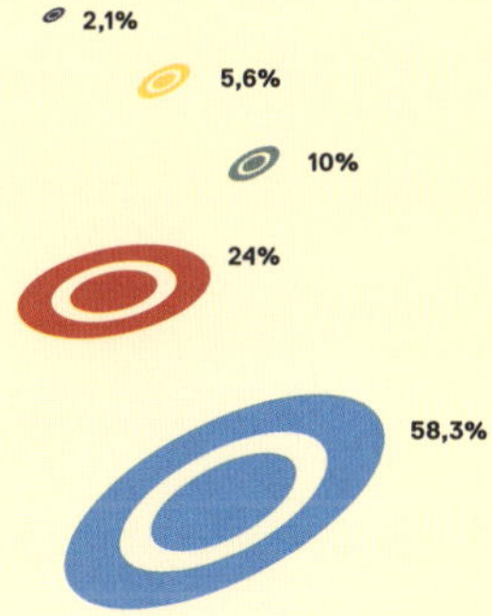

Kurkuma-Reis mit Pute

Seite 115

TÄGLICHE FUTTERMENGE

ZUTATEN	GEWICHT DES HUNDES					
Gewicht des Hundes	5 kg	10 kg	15 kg	20 kg	30 kg	40 kg
Naturreis	40 g	65 g	90 g	115 g	155 g	190 g
Kurkuma	1 g	2 g	2 g	3 g	4 g	5 g
Putenbrust	60 g	100 g	140 g	170 g	230 g	285 g
Kartoffeln	80 g	135 g	180 g	225 g	305 g	380 g
Maiskeimöl	½ TL	1 TL	1 TL	1½ TL	2 TL	2½ TL
Nahrungsergänzung	1⅔ TL /4 g	1 gestr. EL /7 g	1 EL + ⅔ TL /9 g	1 EL + 1 TL /11 g	2 EL + ½ TL /15 g	2½ EL /19 g

NÄHRWERTE PRO 100 G

MAKRONÄHRSTOFFE

■ MINERALST. ■ PROTEINE ■ BALLASTST. ■ FETTE ■ KOHLENHYDRATE

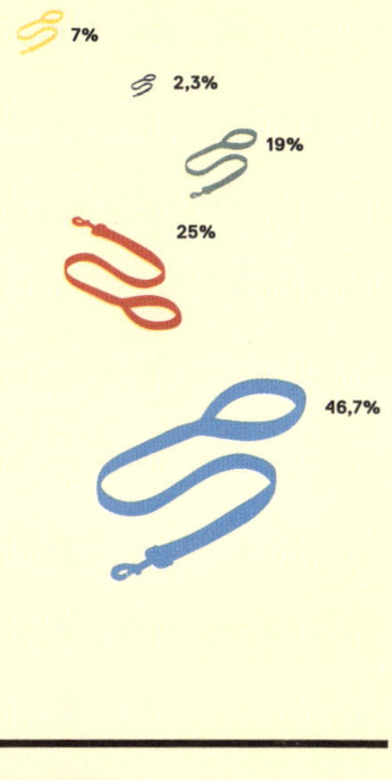

Gemüsecreme mit Pute und Croûtons

Seite 117

TÄGLICHE FUTTERMENGE

ZUTATEN	GEWICHT DES HUNDES					
Gewicht des Hundes	5 kg	10 kg	15 kg	20 kg	30 kg	40 kg
Kürbis	3 EL /20 g	35 g	45 g	55 g	75 g	95 g
Karotten	2½ EL /20 g	35 g	45 g	55 g	75 g	95 g
Putenfleisch	50 g	85 g	115 g	140 g	190 g	240 g
Haferflocken	2 EL /10 g	2½ EL /15 g	20 g	30 g	40 g	50 g
fettarmer Joghurt	80 ml	135 ml	180 ml	230 ml	310 ml	380 ml
Weißbrot	1 Scheibe /20 g	1⅓ Schei-ben/35 g	1¾ Schei-ben/45 g	2 Schei-ben/55 g	3 Schei-ben/75 g	4 Schei-ben/95 g
Kokosöl	1 gestr. TL	1 TL	1½ TL	2 TL	1 EL	3½ TL
Lachsöl	1 gestr. TL	1 TL	1½ TL	2 TL	1 EL	3½ TL
Leinöl	1 TL	1½ TL	2¼ TL	2¾ TL	1 EL	4 TL
Nahrungsergänzung	2 TL /5 g	1 geh. EL /8 g	1 EL + 1 TL /11 g	2 EL /14 g	2½ EL /19 g	3 EL + 1 TL /24 g

NÄHRWERTE PRO 100 G

MAKRONÄHRSTOFFE

MINERALST. PROTEINE BALLASTST.
FETTE KOHLENHYDRATE

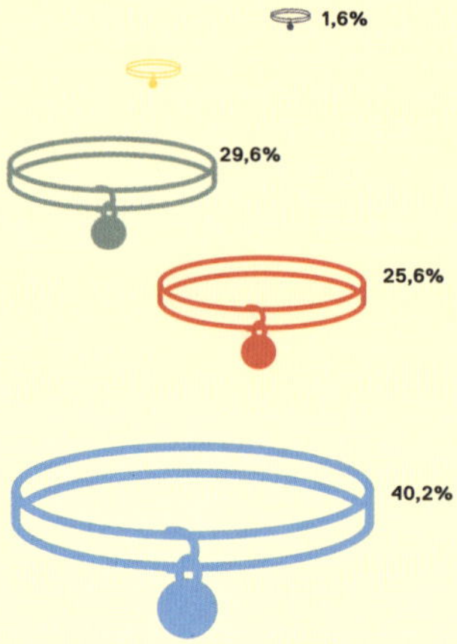

Tapioka mit Schweinefleisch und Karotten

Seite 119

TÄGLICHE FUTTERMENGE

ZUTATEN	GEWICHT DES HUNDES					
Gewicht des Hundes	5 kg	10 kg	15 kg	20 kg	30 kg	40 kg
Perltapioka	40 g	65 g	90 g	115 g	155 g	190 g
Schweinefleisch	70 g	120 g	160 g	200 g	270 g	335 g
Schweineleber	20 g	35 g	45 g	55 g	75 g	95 g
Nahrungsergänzung	1⅔ TL /4 g	1 gestr. EL /7 g	1 EL + ⅔ TL /9 g	1 EL + 1 TL /11 g	2 EL + ½ TL /15 g	2½ EL /19 g
Sonnenblumenöl	½ TL	1 TL	1¼ TL	1½ TL	2 TL	2½ TL
Karotten	30 g	50 g	70 g	85 g	115 g	145 g

NÄHRWERTE PRO 100 G

MAKRONÄHRSTOFFE

MINERALST. PROTEINE BALLASTST.
FETTE KOHLENHYDRATE

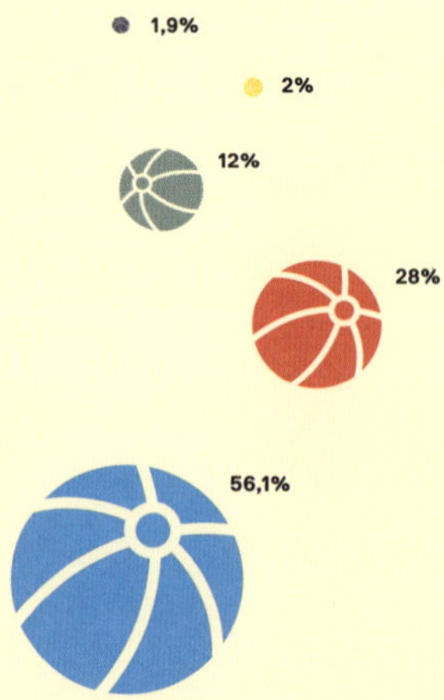

Kürbis-Quinoa mit Lammragout

Seite 120

TÄGLICHE FUTTERMENGE

ZUTATEN	GEWICHT DES HUNDES					
Gewicht des Hundes	5 kg	10 kg	15 kg	20 kg	30 kg	40 kg
Quinoa	50 g	85 g	115 g	140 g	190 g	240 g
Kürbis	3 EL /20 g	35 g	45 g	55 g	75 g	95 g
Maiskeimöl	½ TL	1 TL	1 TL	1½ TL	2 TL	1 EL
Lamm	50 g	85 g	115 g	140 g	190 g	240 g
Nahrungsergänzung	1⅔ TL /4 g	1 gestr. EL /7 g	1 EL + ⅔ TL /9 g	1 EL + 1 TL /11 g	2 EL + ½ TL /15 g	2½ EL /19 g

NÄHRWERTE PRO 100 G

MAKRONÄHRSTOFFE

■ MINERALST. ■ PROTEINE ■ BALLASTST.
■ FETTE ■ KOHLENHYDRATE

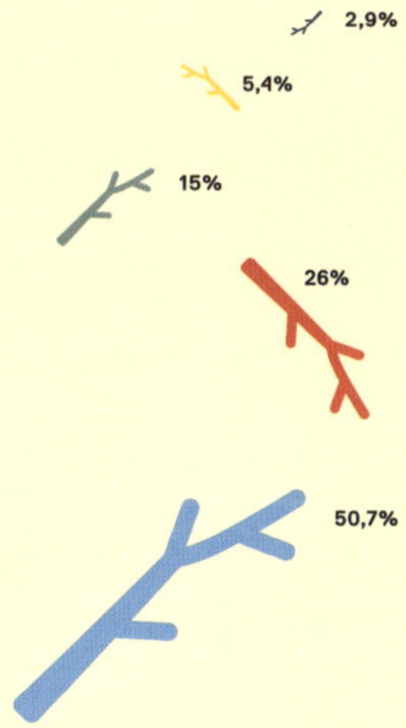

Couscous mit Kokosduft

Seite 123

TÄGLICHE FUTTERMENGE

ZUTATEN	GEWICHT DES HUNDES					
Gewicht des Hundes	5 kg	10 kg	15 kg	20 kg	30 kg	40 kg
Couscous	45 g	75 g	105 g	130 g	170 g	215 g
Kokosöl	½ TL	½ TL	1 TL	1 TL	1½ TL	2 TL
Schweinefleisch	55 g	90 g	125 g	155 g	210 g	260 g
Hühnerklein	15 g	25 g	35 g	40 g	60 g	70 g
Sonnenblumenöl	½ TL	½ TL	1 TL	1 TL	1½ TL	2 TL
Nahrungsergänzung	1⅔ TL /4 g	1 gestr. EL /7 g	1 EL + ⅔ TL /9 g	1 EL + 1 TL /11 g	2 EL + ½ TL /15 g	2½ EL /19 g

NÄHRWERTE PRO 100 G

MAKRONÄHRSTOFFE

■ MINERALST. ■ PROTEINE ■ BALLASTST.
■ FETTE ■ KOHLENHYDRATE

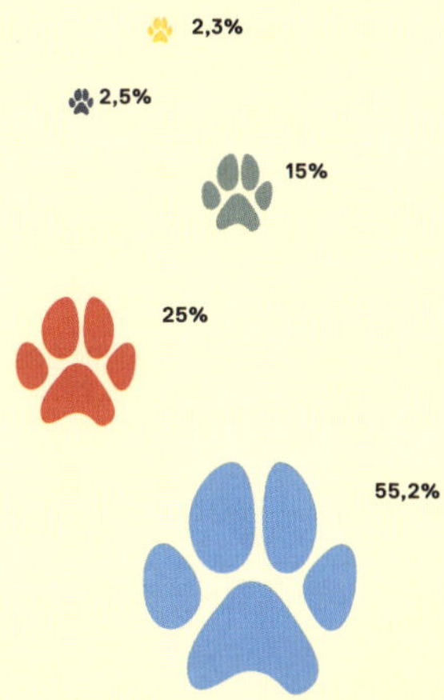

ERNÄHRUNG IM DETAIL

Hunde und ihre Ernährung

Beim Aufstellen eines Futterplans für den Hund muss als Erstes darauf geachtet werden, dass die Nährstoffe bei einer Mahlzeit ausgewogen sind. So können die Bedürfnisse des Hundes erfüllt und ein Zuviel oder Zuwenig vermieden werden – und das ist wichtig, denn Hunde können das nicht selbst regulieren. Auch wenn die Rezepte dieses Buchs alle genau auf den Hund abgestimmt sind, sind bei allen die Nährwerte auch je 100 g angegeben (siehe Seiten 44–122).

Die zwei wichtigsten Gründe, warum Hunde ihre Futteraufnahme nicht regulieren können, sind:

- Instinkt: Der Hund stammt vom Wolf ab, der dazu neigt, mehr zu fressen, als er braucht. Als Jäger kann der Vorfahr des Haushundes nicht wissen, wann oder wie viel er zu fressen bekommt, also hat er sich angepasst und versorgt sich wann immer möglich mit Energie.
- Zucht: Viele Rassen wurden populär, weil sie alles fraßen, was man ihnen gab. Entsprechend können sie ihre Futteraufnahme weniger gut regulieren.

Der Energie- und Nährstoffbedarf eines Hundes ändert sich je nach Lebensphase und körperlicher Aktivität. Um eine optimale Ernährung zu gewährleisten, muss beides berücksichtigt werden.

WELPENZEIT

In dieser Phase wächst der Hund, und die Ernährung spielt eine wesentliche Rolle. Die Phase ist besonders heikel, was das richtige Gewicht angeht, da die Welpen viele Nährstoffe aufnehmen müssen, um ihre Endgröße zu erreichen und sich körperlich voll zu entwickeln. Gleichzeitig ist ihr Magen-Darm-System aber noch nicht voll ausgereift.

ERWACHSENE HUNDE

Die Nahrungsanforderungen erwachsener Hunde lassen sich als „Erhaltung“ definieren. Während der Fortpflanzung haben Hündinnen durch die Trächtigkeit und Milchproduktion besondere Bedürfnisse. Weitere Informationen finden Sie auf Seite 175. Viele Hunde werden sterilisiert, was erhebliche Stoffwechselveränderungen mit sich bringt – die Magermasse nimmt ab und die Fettmasse zu, was einen geringeren Energiebedarf bedeutet. Bei gleichem Gewicht hat ein kastrierter Hund einen verminderten Stoffwechselbedarf und somit einen anderen Erhaltungsaufwand. Wenn Ihr Hund mit seinem Gewicht zu kämpfen hat, greifen Sie auf die Light-Rezepte zurück.

ÄLTERE HUNDE

Altern ist mehr als eine Phase. Es ist ein lebenslanger Prozess der fortschreitenden Abnahme der Körperfunktionen. Wir werden uns dieses Rückgangs jedoch erst bewusst, wenn die ersten Alterungsanzeichen auftreten; dazu gehören die Abnahme der Muskulatur, geringere körperliche Aktivität und der allmähliche Verlust von Sehkraft und Gehör. Das Alter, in dem diese Symptome auftreten, schwankt von Hund zu Hund und hängt grundlegend von seiner Größe ab: im Allgemeinen bei großen Rassen früher und bei kleineren später. Auf Seite 178 können Sie nachschlagen, ob Ihr Hund als alt gilt.

Die Ernährung von Welpen

Es ist einleuchtend, dass das genetische elterliche Erbe eines Welpen sein Aussehen als erwachsener Hund entscheidend beeinflusst. Doch auch Umweltfaktoren tragen dazu bei. Als Erstes ist natürlich die Ernährung zu nennen, die nicht nur bei der körperlichen Entwicklung eine wesentliche Rolle spielt, sondern auch bei der Immunisierung gegen bestimmte Krankheiten und generell für den späteren Gesundheitszustand des Hundes. Und eine Besonderheit haben alle Welpen gemeinsam: ihr sehr schnelles Wachstum. Nach etwa acht Tagen haben sie ihr Geburtsgewicht verdoppelt, was bei anderen Tieren Wochen oder sogar Monate dauert. Das endgültige Gewicht aber wird, je nach Rasse, erst im Alter von sechs bis 20 Monaten erreicht.

DEN WELPEN ABSETZEN

Beim Absetzen wird der Hund von der Ernährung auf Milchbasis zu fester Nahrung umgestellt. Heutzutage geht der Trend zur Überfütterung von Welpen, weil man irrtümlich glaubt, dadurch einen „Superhund“ zu bekommen, oder auch nur, weil ein Besitzer seinen Hund etwas rundlicher haben will. Diese Einstellung hat viele negative Auswirkungen: Die Hunde können zu Fettleibigkeit, zum Betteln nach Futter und zur Ausbildung von Knochenkrankheiten neigen. Es ist allgemein bekannt, dass für eine gute Knochenstruktur die richtige Versorgung mit Mineralien (Kalzium, Phosphor, Magnesium usw.), Proteinen, Energie und bestimmten Vitaminen notwendig ist, doch nur wenige berücksichtigen die für die natürliche Entwicklung des Hundes erforderliche Zeit und zwingen das Tier, zu schnell zu wachsen. Das beeinträchtigt letztlich die korrekte Knochenbildung. Wachstumsrate und Ernährung müssen also ins Gleichgewicht gebracht werden.

TÄGLICHE FUTTERMENGE

Lebensphase	Alter	Mahlzeiten pro Tag
Absetzen	2–4 Monate	4
Wachstum	5–7 Monate	3
Erwachsen	>7 Monate	2

In der freien Wildbahn bringen Hündinnen ihre Welpen im Schutz von Höhlen oder Kuhlen zur Welt. In der ersten Zeit nach der Geburt bleiben sie nah bei den Welpen und halten sie warm, bis sie ihre Körpertemperatur selbst regulieren können. Die Jagd wird zumindest für einige Wochen den Rüden überlassen, und wenn die Hündinnen selbst wieder jagen gehen, bewacht ein anderes Rudelmitglied – meist eine junge Hündin – die Höhle. In der Zwischenzeit sind die Welpen so weit gewachsen, dass die Milch sie nicht mehr ausreichend ernährt. Das ist der Beginn des Absetzens. Die Eltern machen Beute, fressen große Mengen davon und würgen nach der Rückkehr in die Höhle den Mageninhalt hoch, der dann von den Welpen gefressen wird. So lassen sich große Futtermengen über weite Strecken transportieren, das Futter wird durch die Magensäfte der Erwachsenen bereits vorverdaut, und die Welpen können behutsam an fremde Nahrung gewöhnt werden.

Der Instinkt bestimmt offenbar gewisse Verhaltensweisen, sodass einige domestizierte Hündinnen sich zwangsläufig ähnlich verhalten. Das Hochwürgen ist also ein völlig natürliches Verhalten, das keine Abscheu oder Besorgnis hervorrufen und auch nicht unterbunden werden sollte.

DIE WACHSTUMSPHASEN DES WELPEN

Im Laufe der Wochen wachsen Welpen nicht nur, indem sie an Masse zulegen, auch ihre Organe verändern sich. Bis zu einem gewissen Grad bestimmt die Rasse die Geschwindigkeit des Wachstums. Am schnellsten verläuft sie von der Geburt bis zum Absetzen, nimmt bis zur Pubertät allmählich ab und verlangsamt sich dann noch weiter, bis das Erwachsenenalter erreicht ist. Die Zeitdauer dieses Prozesses ist proportional zur Größe des erwachsenen Hundes: Ein großer Hund braucht länger als ein kleiner, bis er ausgewachsen ist.

Das Futter spielt eine entscheidende Rolle. Die richtige Ernährung hilft einem Welpen nicht nur, die seinem genetischen Potenzial entsprechende Größe zu erreichen, sondern auch, ein gesunder erwachsener Hund zu werden.

Hunde reagieren in dieser Phase besonders empfindlich auf Unausgewogenheiten oder Mängel in der Ernährung und haben aufgrund des hohen Bedarfs durch ihr schnelles Wachstum geringe Energie- und Nährstoffreserven. Der Ernährungsplan eines Welpen erfordert daher erhöhte Aufmerksamkeit. Große Rassen benötigen besonderes Augenmerk, da sie anfälliger als andere Hunde für Erkrankungen des Bewegungsapparates sind, wenn sie zu viel oder zu wenig Energie, Vitamin D, Kalzium und Phosphor aufnehmen oder das Verhältnis von Kalzium und Phosphor nicht stimmt. Die Rezepte für Welpen in diesem Buch sind ein guter

Ausgangspunkt, für weitere Informationen und eine Beratung zur Berechnung des genauen Energiebedarfs ist jedoch ein Tierarzt zu konsultieren.

In der Ernährung von Welpen dürfen Fleisch und Fisch nicht fehlen, da ihr Eiweißbedarf über dem von erwachsenen Hunden liegt und sie spezifischere essenzielle Aminosäuren benötigen. Welpen sind nicht in der Lage, Fettsäuren vollständig selbst zu bilden, angefangen bei der Linolsäure. Ihr Futter muss daher alle essenziellen Fettsäuren enthalten, die sich in tierischen Fetten wie Fischöl, Lachsöl oder Krillöl finden.

Ein Mangel an den Omega-3-Fettsäuren Eicosapentaensäure (EPA) und Docosahexaensäure (DHA), die in Fettfisch und Fischölen vorkommen, ist besonders gefährlich. Er kann zur Entwicklung von nicht-optimalem Nervengewebe mit nachfolgenden Sehproblemen (aufgrund von Netzhautstörungen) oder einer unzureichenden Gehirnentwicklung mit daraus resultierenden Lernschwierigkeiten (ein bei Hunden schwer erkennbarer Zustand) führen.

Die Ernährung bei erwachsenen Hunden

Für eine ausgewogene Ernährung des Hundes ist ein guter Ansatzpunkt, sich zu überlegen, welches Futter er in der Natur selbst suchen würde. So bekommt man eine Vorstellung von den Nährstoffen, die er als Nahrungsbestandteile braucht. Eine solche Analyse zeigt, dass der Allesfresser Hund ein an ein breit gefächertes Futter angepasstes Verdauungssystem hat, um das zu erhalten, was für eine ausgewogene Ernährung nötig ist:

- Energie in der gleichen Menge, die sein Körper in Form von Wärme, Stoffwechsel und Bewegung abgibt, die sein Körper während der Wachstumsphase speichert oder die während der Tragzeit und des Säugens weitergegeben wird.
- Proteine und essenzielle Aminosäuren, Mineralien, Vitamine und essenzielle Fettsäuren in ausreichender Menge, um den täglichen Bedarf zu decken.
- Ballaststoffe, die die Funktionsfähigkeit des Verdauungssystems aufrechterhalten.

Im Laufe der Jahre bleiben die Nährstoffe gleich, die ein Hund braucht, nur die relativen Mengen, die je nach seinen physiologischen Bedürfnissen schwanken, müssen geprüft werden. Das ist auch der Fall, wenn ein Hund Beschwerden entwickelt oder erkrankt.

DIE ERNÄHRUNG EINES KASTRIERTEN ERWACHSENEN HUNDES

Halter von kastrierten Hunden kennen Gewichtsprobleme gut. Nach der Kastration haben viele Hunde einen deutlich größeren Appetit, der nicht ihrem tatsächlichen Energiebedarf entspricht. Die physiologische Verringerung der mageren Körpermasse nach der Kastration lässt die tatsächlich nötige Energiezufuhr sinken. Dies führt zu einem Teufelskreis, der häufig Gewichtsprobleme zur Folge hat.

Die Lösung dieser Situation erfordert Ansätze von verschiedenen Seiten:

- Nach der Kastration sollte die Gesamtaufnahme an Energie um 20% reduziert werden.
- Trotz hormoneller Veränderungen ist es wichtig, die körperliche Aktivität des Hundes zu steigern, um die magere Körpermasse zu erhalten.

- Ein hoher Ballaststoffanteil im Futter sorgt für ein besseres Sättigungsgefühl, und mehr Eiweiß regt den Stoffwechsel an und verbrennt Kalorien.

Das Futter des Hundes muss daher mehr Gemüse wie Chicorée, Kürbis und Karotten enthalten, aber auch Eier, Fisch, Hülsenfrüchte und Ricotta. Fleisch, insbesondere rotes Fleisch, ist vorteilhaft, weil es neben seinem hohen Eiweißgehalt auch einen hohen Carnitingehalt hat. Diese effektive Aminosäure trägt zur Beibehaltung der mageren Körpermasse bei. Außerdem empfiehlt es sich, Vollkorngetreide zu füttern – zum Beispiel bestimmte Reissorten –, das Ballaststoffe liefert und den Blutzuckerspiegel stabilisiert und so das Hungergefühl eindämmt.

DIE ERNÄHRUNG EINES ERWACHSENEN ZUCHTAKTIVEN HUNDES

Die Ernährung spielt auch bei der Fortpflanzung eine wesentliche Rolle, sowohl in qualitativer Hinsicht (für das hormonelle Gleichgewicht und damit die Fruchtbarkeit) als auch quantitativ (für das Wachstum der Föten und die Milchproduktion). Es ist daher wichtig, dass ein Hund in jeder Phase der Fortpflanzung – Befruchtung, Trächtigkeit, Säugen und danach – das passende Futter erhält. Da die Nahrungsanforderungen in dieser Phase sehr spezifisch sind, empfehlen wir, einen Tierarzt oder Ernährungsspezialisten zurate zu ziehen.

Die Ernährung älterer Hunde

Mit etwa zehn Jahren beginnen sich die ersten Alterserscheinungen beim Hund zu zeigen: die ersten grauen Haare, leichte Gleichgewichtsprobleme beim Gehen und ein müderes Aussehen als früher. Es fängt eine neue Lebensphase des Hundes an, in der er eventuell anfälliger für Krankheiten und Beschwerden ist.

Die Ernährung spielt auch dann eine wichtige Rolle. Es ist erwiesen, dass sich der Alterungsprozess durch richtige Fütterung verlangsamen lässt.

IST MEIN HUND ALT?

Wir alle wissen, dass das Alter keiner Statistik folgt. Es herrscht aber allgemeines Einvernehmen darüber, dass der Alterungsprozess bei Hunden mit rund zehn Jahren einsetzt. Viele Variablen beeinflussen ihren Gesundheitszustand – die wichtigsten sind die Lebensweise und genetische Faktoren. Kleine Hunde, die ab dem 12. Lebensjahr als alt gelten, haben eine höhere Lebenserwartung als größere Hunde, und manche Rassen haben eine längere Lebenserwartung als andere. Selten wird ein Hund sogar bis zu 20 Jahre alt.

kleine Hunde	12 Jahre
mittelgroße Hunde	10 Jahre
große Hunde	8 Jahre

FÜR JEDES BEDÜRFNIS DIE RICHTIGE ZUTAT

Beim Einsetzen des Alterns erweist sich Selbstgekochtes als besonders geeignet, um besser die möglichen neuen Bedürfnisse des Hundes zu erfüllen. Wenn er selbst gekochtes Futter bereits gewöhnt ist, kann die Anpassung an ein neues Futter sehr einfach erfolgen; wenn nicht, empfiehlt sich eine schrittweise Umstellung unter tierärztlich-ernährungsberaterischer Begleitung. Es ist von Fall zu Fall unterschiedlich, welche Maßnahmen und Inhaltsstoffe einem Hund am besten helfen:

- Abbau der Muskulatur: Dieses Problem betrifft vor allem Rüden, speziell ihre Kopf- und Oberschenkelmuskulatur. Um den Muskelverlust zu vermeiden, sollte ihr Futter mit biologisch hochwertigen Proteinen angereichert werden. Diese sind in tierischen Lebensmitteln wie Fleisch, Fisch,

Eier und Ricotta enthalten, deren Menge im Futter erhöht werden sollte. Da tierische Proteine biologisch hochwertig und leichter verdaulich sind, eignen sie sich für ältere Hunde besser als pflanzliche Proteine.

- Verlust des Geruchssinns: Diese Störung ist auf die Degeneration der Nasenschleimhaut zurückzuführen. Zu den Hauptfolgen zählt das zunehmende Desinteresse an Futter. Damit ein solcher Hund wieder frisst, benötigt er ein Futter mit höherem Fettgehalt. Das setzt mehr Aromen frei, was sich noch verstärkt, wenn das Futter auf 30–35 °C erwärmt wird.
- Arthrose: Der altersbedingte Gelenkverschleiß ist eine weitere häufige Begleiterscheinung im fortgeschrittenen Alter. Die Krankheit ist nicht heilbar, ihre Symptome können durch Gewichtsregulierung jedoch gelindert werden. Vorteilhaft ist das Füttern von Ölen vom Fettfisch wie Krill und Lachs, da diese Nährstoffe wie Eicosapentaensäure (EPA) und Substanzen wie PEA (Palmitoylethanolamid) enthalten.
- Kognitive Dysfunktion: In der Tiermedizin als kognitives Dysfunktionssyndrom oder Altersdemenz bezeichnet, erkennt man sie an kleinen Veränderungen im Alltag wie Gedächtnisverlust und verminderte Lernfähigkeit. In Verlauf und Symptomatik ist sie mit Alzheimer vergleichbar.

DIE ERSTEN ALTERSERSCHEINUNGEN

Der Verlust kognitiver Funktionen – statistisch gesehen die häufigste und rasseunabhängig am weitesten verbreitete Störung – bringt Veränderungen mit sich, die schwer zu akzeptieren sind und die den Hundebesitzer am stärksten beunruhigen. Die Anzeichen sind vielfältig. Vielleicht kommt man eines Tages nach Hause und findet auf dem Bett einen Urinfleck, was es noch nie zuvor gegeben hat, oder man bemerkt eine Veränderung im Schlaf-Wach-Rhythmus, oder der Hund reagiert neuerdings völlig anders und reizbar auf andere Haustiere.

Obwohl die Ursachen noch unbekannt sind, ist die Rolle der Ernährung bei der Minderung der Symptome hinreichend bewiesen. Dem Hundefutter sollten daher Antioxidantien hinzugefügt werden. Diese sind in verschiedenen Lebensmitteln enthalten, zum Beispiel in nativem Olivenöl extra, Kurkuma, Beeren (Heidelbeeren, Gojibeeren) oder Rosmarin. Die mittelkettigen Triglyceride, die sich beispielsweise in Kokosöl finden, helfen, der kognitiven Dysfunktion bei älteren Hunden entgegenzuwirken. Die Zugabe von Omega-3-Fettsäuren (die im Öl von Fettfisch wie Krill und Lachs enthalten sind) beeinflusst das Lernen gezielt positiv, was die kognitive Leistungsfähigkeit verbessert.

VON DER STÖRUNG ZUR FÜTTERUNG

STÖRUNG	FUTTERQUELLE
Abbau der Muskulatur	stark eiweißhaltige Zutaten: Fleisch, Fisch, Eier, Ricotta
Verlust des Geruchssinns	fettreiche Zutaten tierischer Herkunft
Arthrose	Fischöl, Krill oder Lachs
Kognitive Dysfunktion	Antioxidantien (natives Olivenöl extra, Kurkuma, Beeren usw.), Kokosöl, Omega-3-Fettsäuren (Öl vom Fettfisch wie Krill oder Lachs)

→ SCHLÜSSELFAKTOREN IN DER ERNÄHRUNG BEI ÄLTEREN HUNDEN

- → Machen Sie das Futter mit besserem Geschmack und Geruch interessanter.
- → Füttern Sie proteinreiches Futter, um den Verlust von Magermasse zu verhindern.
- → Füttern Sie mehr Antioxidantien, um freien Radikalen entgegenzuwirken.
- → Geben Sie mittelkettige Triglyceride (MKT) – ein Fettsäuretyp, der in Kokosöl enthalten und ein Nährstoff für das Gehirn ist.

Grundlegende Ernährungsanforderungen

Ab Seite 18 wurden die elementaren Futterbestandteile einer ausgewogenen Ernährung aufgeführt, aber woraus bestehen sie? Fachterminologisch ausgedrückt lassen sie sich in Proteine, Fette (oder Lipide), Vitamine und Mineralien sowie Wasser aufteilen. Kohlenhydrate – insbesondere Ballaststoffe – sollten separat betrachtet werden, da sie zwar nicht zu den essenziellen Nährstoffen zählen, aber eine gute Energiequelle sind.

PROTEINE

Proteine bilden die Ernährungsgrundlage des Hundes. Proteine tierischen Ursprungs – Fleisch, Fisch, Eier und Käse – sind in bestimmten Lebensphasen unverzichtbar: Sie ernähren den Welpen während des Wachstums, wirken dem Verlust von Muskelmasse beim alten Hunden entgegen und werden bei erwachsenen Hunden in Phasen wie der Trächtigkeit und dem Säugen oder bei hoher körperlicher Belastung benötigt.

Pflanzliche Proteine, vor allem Hülsenfrüchte, sind in der Regel biologisch geringwertiger, da sie arm an einigen essenziellen Aminosäuren sind. Zudem sind sie für Hunde aufgrund des sehr hohen Ballaststoffgehalts schwer verdaulich. Einige Hülsenfrüchte wie Erbsen, grüne Bohnen und Sojabohnen sind dennoch gute Proteinlieferanten. Es kann von Vorteil sein, diese Zutaten zu füttern, da sie eine geregelte Verdauung unterstützen und bei übergewichtigen Hunden kalorienarme Proteine liefern. Hülsenfrüchte sollten immer gut gekocht verfüttert werden – insbesondere Sojabohnen, die sonst giftig wären.

FETTE (LIPIDE)

Fette sind eine hoch konzentrierte und effiziente Energiequelle. Unentbehrlich in der Ernährung des Hundes sind sie sowohl wegen ihrer zentralen Rolle bei der Aufnahme einiger fettlöslicher Nährstoffe (wie Vitamin A, D, E und K), die für das Wohlbefinden wesentlich sind, als auch wegen der enthaltenen essenziellen Fettsäuren (Omega 6 und Omega 3), die der Hund nicht selbst produziert. Vereinfacht gesagt haben Fleisch, Käse, Milchprodukte und Eier eine hohe Konzentration von Omega-6-Fettsäuren und Fisch – vor allem Seefisch – von Omega-3-Fettsäuren (insbesondere DAH/EPA, die nicht in pflanzlichen Ölen enthalten sind). Hunde können pflanzliche Fette wie natives Olivenöl extra,

Maiskeimöl, Sonnenblumen- und Erdnussöl, die wichtige Lieferanten von Omega-3- und Omega-6-Fettsäuren, Fettsäuren und natürliche Antioxidantien sind, verdauen und nutzen, wenn auch nicht so effektiv wie tierische Fette.

VITAMINE UND MINERALIEN

Vitamine und Mineralien spielen eine wichtige Rolle in der Ernährung, wobei sie sehr sorgfältig dosiert werden müssen.

Erwachsene Hunde benötigen relativ geringe Mengen, da der Körper eines Hundes diese Stoffe speichern und damit ihren Verlust minimieren kann. Allerdings ist selbst das abwechslungsreichste selbst gemachte Futter schnell nicht ausreichend, weshalb der Ausgleich mit Nahrungsergänzungen wichtig ist (siehe Seite 208). Am offensichtlichsten gehen Vitamine und Mineralien beim Kochen verloren: Das Kochen ist oft notwendig, um schädliche Mikroorganismen und Bakterien zu beseitigen, reduziert aber zwangsläufig den Nährwert und zerstört bestimmte Vitamine oder schränkt deren Effektivität ein. Ein anderes Beispiel ist Kalzium, das der Hund beim Kauen von Knochen auf natürliche Weise aufnimmt. Knochen sollten jedoch kein Bestandteil des selbst gemachten Futters sein: Im Allgemeinen sind Hunde an Beutetiere (und damit an Knochen) nicht gewöhnt und haben damit auch nicht die Fähigkeit entwickelt, diese Art von Futter richtig zu kauen.

Aus diesem Grund und aufgrund der Form der Knochen – einige sind lang und spitz, andere rund und rutschig – besteht ein hohes Risiko, dass sie den Magen-Darm-Trakt perforieren oder den Darm verstopfen. Außerdem ist die Menge an Kalzium und anderen Mineralien, die vom Hund aufgenommen wird, aus ernährungswissenschaftlicher Sicht schwierig zu erfassen: Dieser Faktor variiert und hängt vom Alter und der Art des Tieres ab, von dem der jeweilige Knochen stammt.

Wie oben angesprochen kann ein Mangel an Vitaminen und Mineralien gesundheitliche Probleme verursachen, andererseits kann auch ein Zuviel schädlich oder sogar toxisch sein. Auch Nahrungsergänzungen müssen sehr ausgewogen sein. Welpen beispielsweise dürfen nicht zu viel Kalzium erhalten, da dies zu verschiedenen Skeletterkrankungen führen kann (der Organismus erwachsener Hunde dagegen nimmt von Natur aus die richtigen Mengen auf). Auch darf von einigen Lebensmitteln nicht zu viel gegeben werden, um Vitamine nicht überzudosieren – täglicher Leberkonsum zum Beispiel, der die in den Rezepten angegebene Menge übersteigt, kann zu einer Vitamin-A- und Vitamin-D-Toxizität führen.

WASSER

Wasser stellt die Grundlage der Nahrungspyramide dar und ist zugleich die Hauptsubstanz des Körpers. Hunde können fast ihr ganzes Fett und mehr als die Hälfte der Proteine verlieren und überleben, doch ein Verlust von nur 15% des Wassers in ihrem Körper kann tödlich sein. Unter normalen Bedingungen wird Wasser über Urin und Kot sowie mit der Atmung und ein wenig Schweiß über die Ballen ausgeschieden. Der Verlust wird durch die richtige Zufuhr von Flüssigkeit und Nahrung auf natürliche Weise ausgeglichen. Hunde sollten täglich die Menge Wasser aufnehmen, die ungefähr dem täglichen Energiebedarf in Kalorien entspricht, also etwa 50 ml Wasser je 1 kg Körpergewicht. Der Hund muss daher immer Zugang zu einer Schüssel mit frischem, sauberem Wasser haben. Bei viel Bewegung sollte man immer Wasser dabei haben, damit er seinen Durst löschen und den Flüssigkeitsverlust ausgleichen kann.

KOHLENHYDRATE

Kohlenhydrate sind für einen Hund zwar nicht zwingend notwendig, in selbst gemachtem Futter aber oft enthalten – so auch in den Rezepten in diesem Buch. Dafür gibt es zwei Gründe. Der erste ist wirtschaftlicher Natur: Gutes Fleisch und guter Fisch sind teuer, besonders wenn man mehrere Hunde oder einen großen Hund hat, sodass die Zugabe von Kohlenhydraten die Kosten senkt. Der zweite Grund ist entwicklungsgeschichtlich bedingt: Obwohl der Hund vom Wolf abstammt, dessen Nahrung keine Kohlenhydrate enthält, hat seine Evolution beim Menschen stattgefunden. Als Folge davon hat sich sein Verdauungsapparat verändert – er hat sich über die Jahrtausende an die Aufnahme von Kohlenhydraten und Getreide, der Grundlage der menschlichen Nahrung, angepasst. Diese Entwicklung betrifft jedoch nicht alle Rassen in gleicher Weise. Rassen, die bereits länger domestiziert sind (zum Beispiel Saluki), können Kohlenhydrate besser aufschließen als jüngere Haushundrassen (zum Beispiel Sibirischer Husky, Weimaraner und Tschechoslowakischer Wolfhund).

Die für Hunde am leichtesten verdauliche Art von Kohlenhydraten ist Stärke, die in Getreide (wie Reis, Nudeln, Brot), Wurzelgemüse (wie Kartoffeln, Tapioka) und Hülsenfrüchten (wie Erbsen, grünen Bohnen) enthalten ist. Der Hund braucht für die Verdauung von Stärke länger als der Mensch. Sie wird erst dann zu einer guten Energiequelle, wenn die Lebensmittel, die sie enthalten, lange gekocht wurden.

BALLASTSTOFFE

Ballaststoffe sind zwar schwer verdaulich, aber ein unverzichtbarer Futterbestandteil. Ballaststoffreiche Zutaten verbessern nicht nur die Gesundheit des Magen-Darm-Systems, sondern erhöhen auch das Volumen des Futters und fördern damit das Sättigungsgefühl – empfehlenswert bei übergewichtigen, kastrierten oder alten Hunde, die kalorienärmere Nahrung benötigen. Zudem ist erwiesen, dass Ballaststoffe eine wichtige Rolle bei der Behandlung von Krankheiten wie Diabetes und bakteriellen Darmerkrankungen spielen.

Ballaststoffe werden in zwei Arten unterteilt: lösliche und unlösliche. Lösliche Ballaststoffe können Wasser im Darm aufnehmen (und sind nützlich, wenn ein Hund Durchfall hat), sie werden zumindest teilweise durch die Darmmikroflora fermentiert, regen das Wachstum nützlicher Bakterien an und ernähren die Darmzellen. Unlösliche Ballaststoffe dagegen nehmen sehr wenig Wasser auf. Der Hund kann sie nicht verwerten, sie regen aber die Darmperistaltik an und helfen daher bei Verstopfung.

Die Hauptlieferanten für Ballaststoffe sind Vollkornprodukte, Hülsenfrüchte (insbesondere grüne Bohnen und Erbsen), Äpfel (möglichst mit Schale) und Gemüse (vor allem Blattgemüse). Auch Kleie ist ausgezeichnet, aber nur bei Fettleibigkeit empfehlenswert, da sie sehr viele unlösliche Ballaststoffe enthält. Insgesamt wird die Zugabe großer Ballaststoffmengen im Prinzip nicht empfohlen, weil dies das Hundefutter eventuell weniger appetitlich macht und auch weil die löslichen Ballaststoffe zu Durchfall oder Blähungen führen können.

WIE VIELE ESSENZIELLE NÄHRSTOFFE SOLLTEN AUFGENOMMEN WERDEN?

Die empfohlenen essenziellen Nährstoffe sind nicht immer gleich, sondern variieren je nach Lebensphase und Erkrankungen des Hundes. Die in diesem Buch zugrunde gelegten Parameter für die Ausgewogenheit der Rezepte richten sich nach dem vom Verband der europäischen Tierfutterhersteller (FEDIAF) festgelegten Mindestbedarf verschiedener essenzieller Nährstoffe. Diese Angabe ist notwendig, da die verschiedenen internationalen Gremien wie FEDIAF (European Pet Food Industry Federation), AAFCO (Association of American Feed Control Officials, USA) und NRC (National Research Council, USA/Kanada), um nur die bekanntesten zu nennen, in diesem Punkt unterschiedlicher Auffassung sind.

GRÜNDE FÜR DIE UNTERSCHIEDE ZWISCHEN INTERNATIONALEN GREMIEN

Unter den internationalen Gremien herrscht keine Einigkeit darüber, was der Mindestbedarf bei einer ausgewogenen Ernährung von Hunden ist. FEDIAF und AAFCO sind bestrebt, die Werte zu ermitteln, die den Nährstoffbedarf gesunder Hunde decken (vorwiegend auf der Basis industriell hergestellten Hundefutters), der NRC hingegen stützt seine Werte aber auch auf nährstoffbasierte wissenschaftliche Studien.

Das kann zu signifikanten Unterschieden führen. Ein gutes Beispiel ist der Mindestproteinbedarf, der dem NRC zufolge bei 10% liegt und laut FEDIAF bei 18%. Der Unterschied ergibt sich dadurch, dass der NRC nur die essenziellen Aminosäuren berücksichtigt. In der Natur gibt es jedoch keine Nahrungsmittel, die ausschließlich aus diesen Nährstoffen bestehen, sondern nur solche, die neben essenziellen Aminosäuren auch nicht essenzielle enthalten.

Entsprechend liegt die Empfehlung des FEDIAF beim empfohlenen Mindestproteinbedarf deutlich höher. Der Grund dafür: FEDIAF und AAFCO ermitteln die Werte zur Deckung des Nahrungsbedarfs gesunder Hunde mit einem lebensmittelbasierten Ansatz, der NRC dagegen stützt seine Werte auf einen nährstoffbasierten Ansatz und nicht auf Lebensmittel.

Toxische Nahrungsmittel

WELCHE NAHRUNGSMITTEL SIND GIFTIG?

Einer der wichtigsten Punkte, den man bei selbst gemachtem Hundefutter beachten muss: Einige Nahrungsmittel, die in unseren Küchen und unser eigenen Ernährung zum Alltag gehören, sind für Hunde giftig und dürfen niemals verfüttert werden. Manche Nahrungsmittel sind für alle Hunde gefährlich und sollten immer gemieden werden. Ein klassisches Beispiel, das alle kennen, ist Schokolade, die unter anderem Erbrechen oder Krämpfe auslösen kann. Im Folgenden sind weitere der häufigsten Nahrungsmittel aufgelistet, auf die man achten sollte. Für weitergehende Informationen sprechen Sie Ihren Tierarzt an.

ZWIEBELN, KNOBLAUCH UND ANDERE LAUCHARTEN

Zwiebeln (*Allium cepa*), Knoblauch (*Allium Sativum*), Lauch (*Allium Porrum*) und Schnittlauch (*Allium schoenoprasum*) sind allesamt Pflanzen der Gattung Lauch und enthalten schwefelhaltige Substanzen, die bei Hunden zu Magen-Darm-Erkrankungen und Anämie führen. Die Substanzen bleiben beim Kochen oder Trocknen erhalten, sodass diese Nahrungsmittel niemals an Hunde verfüttert werden dürfen. Die häufigsten Anzeichen für eine allergische Reaktion eines Hundes sind Schwäche, Erschöpfung, Bauchschmerzen, Erbrechen und Appetitlosigkeit, die ein bis mehrere Tage nach der Aufnahme dieser Pflanzen auftreten können. Bereits wenn 15–30 g pro 1 kg Körpergewicht davon aufgenommen werden, kommt es zu Veränderungen der roten Blutkörperchen. Einige Rassen wie Akita Inu und Shiba Inu sind besonders anfällig, bei ihnen können auch kleine Mengen dieser Pflanzen schwere Reaktionen auslösen.

ETHANOL (ALKOHOL)

Durch die versehentliche Aufnahme alkoholischer Getränke entsteht eine Ethanolvergiftung, bei der der Hund innerhalb einer Stunde neurologische Symptome, Erbrechen, Dehydrierung und Unterkühlung zeigt. Obwohl diese Reaktionen denen des Menschen sehr ähneln, liegt die zur Vergiftung erforderliche Menge deutlich niedriger. Auch verfaulte Früchte sollten nicht aufgenommen werden, da dabei durch Gärung Ethanol (Alkohol) entsteht.

WEINTRAUBEN

Ein weiteres zu vermeidendes Nahrungsmittel sind Weintrauben, egal ob gekocht, frisch oder getrocknet, also auch in Form von Rosinen, Sultaninen oder Trestern (Schalen). Hier besteht das Risiko einer Nierenschädigung. Die Symptome sind Erbrechen, Durchfall, Erschöpfung, erhöhter Durst und eine ausbleibende Urinproduktion. Warum Weintrauben giftig sind und wie sie wirken, muss erst noch ermittelt werden: Es gab Fälle, in denen Hunde 1 kg Rosinen aufgenommen haben und das keine Auswirkungen auf sie hatte, während andere Hunde an viel kleineren Mengen gestorben sind.

HOPFEN

Wir kennen Hopfen als Hauptzutat von Bier. Verschluckt ein Hund jedoch Hopfenblüten, kann es zu einer malignen Hyperthermie (dem schnellen Anstieg der Körpertemperatur) kommen. Einige Rassen sind auch ohne Aufnahme von Hopfen anfällig für die maligne Hyperthermie (zum Beispiel Windhunde, Retriever, Bernhardiner, Dobermänner, Border Collies, nordische Rassen usw.). Andere Anzeichen einer Vergiftung sind Erbrechen, Keuchen und dunkelbrauner Urin.

MACADAMIANÜSSE

Wie bei den Weintrauben ist bislang unbekannt, warum und in welcher Dosis Macadamianüsse giftig sind. Es sind Fälle bekannt, in denen die toxische Wirkung nach der Aufnahme von Mengen auftrat, die von 0,7 g pro 1 kg Körpergewicht bis 62,4 g pro 1 kg Körpergewicht reichen. Anzeichen einer Vergiftung zeigen sich in der Regel innerhalb von zwölf Stunden nach der Aufnahme in Form von Schwäche, Erbrechen und neurologischen Symptomen.

SCHOKOLADE, KAFFEE UND TEE

Wir Menschen können oft nicht ohne auskommen, aber für Hunde sind Schokolade, Kaffee und Tee extrem gefährlich. Methylxanthine sind Wirkstoffe, die in Form von Theobromin, Koffein beziehungsweise Theophyllin in diesen drei Nahrungsmitteln enthalten sind. Sie sind schädlich, da sie beim Hund zu neurologischen Symptomen führen, das Herz stimulieren und die glatte Muskulatur erschlaffen lassen. Eine Menge von 20 mg Methylxanthin je 1 kg Köpergewicht ist ausreichend, um beim Hund solche Reaktionen auszulösen. Zartbitterschokolade weist einen hohen Gehalt dieser Stoffe auf und ist daher gefährlicher als beispielsweise Vollmilchschokolade. Die folgende Tabelle gibt eine Vorstellung des jeweiligen Gehalts.

KOFFEIN	GEHALT
Schokolade	6–120 mg/100 g
Kaffee	45–50 mg/100 g
Kaffeebohnen	1–1,7 g/100 g
Tee	70–300 mg/100 g
Nichtalkoholische Getränke	18–25 mg/100 g

THEOBROMIN	GEHALT
Weiße Schokolade	1 mg/100 g
Milchschokolade	150–200 mg/100 g
Dunkle Schokolade	475 mg/100 g
Kakaopulver	1,5–2,5 g/100 g
Kakaobohnen	1–5 g/100 g

AVOCADO

Ein weiteres Nahrungsmittel, das Hunde niemals fressen sollten, ist Avocado, alle Teile des Avocadobaums (*Persea americana*) eingeschlossen. Er wird durch Persin giftig, ein Toxin mit fungizider Wirkung, mit dem sich der Baum also vor Schimmelbefall schützt. Die Substanz ist für den Menschen harmlos, aber schädlich für verschiedene Tierarten, auch Hunde. Symptome einer Avocadovergiftung sind Erbrechen, Durchfall, Atembeschwerden und Herzprobleme. In schweren Fällen können sie 12–24 Stunden nach der Aufnahme zum Tod des Tieres führen.

XYLIT (ZUCKERAUSTAUSCHSTOFF)

Xylit ist ein künstlicher Süßstoff, der in einigen als „zuckerfrei" deklarierten Lebensmitteln verwendet wird (Kaugummi, Bonbons, Backwaren usw.). Für den Hausgebrauch ist er als Pulver oder Granulat erhältlich. Xylit kann für Hunde lebensgefährlich sein, da es zu einer starken Insulinausschüttung und schwerer Hypoglykämie führt. Außerdem gibt es Fälle von schweren Leberschäden, die im Zusammenhang mit Xylit stehen, wobei die aufgenommene Menge stark variiert.

BROTTEIG

Frisches Brot ist für Hunde an sich zwar unproblematisch, die Aufnahme von rohem Teig – oder rohen Hefeteigen jeglicher Art – kann aber sehr gefährlich sein. Im Magen des Tieres vergärt die Hefe und bläht ihn auf. Eine weitere Folge der Gärung ist die Entstehung von Ethanol, das weitere Komplikationen verursachen kann (siehe Ethanol).

Nahrungsmittelallergien

Auch einige an sich ungiftige Lebensmittel können zu Gesundheitsproblemen beim Hund führen. Wie beim Menschen entwickeln auch manche Haustiere Allergien und Unverträglichkeiten gegenüber bestimmten Nahrungsmitteln, seltener gegenüber Zusatzstoffen. Bei Allergien beeinflussen Nebenwirkungen das Immunsystem: Eine Allergie ist eine anormale Reaktion des Immunsystems auf ein Nahrungsmittel, das unabhängig von der aufgenommenen Menge von Individuen dieser Art normalerweise vertragen wird. Die Hauptmerkmale einer Allergie sind Juckreiz oder Magen-Darm-Probleme, die in der Regel unmittelbar nach dem Kontakt mit dem Allergen auftreten und innerhalb weniger Stunden abklingen (verzögerte Reaktionen sind ebenfalls möglich). Nur in schwersten Fällen wird ein Nahrungsmittelallergen zum Beispiel zu einem anaphylaktischen Schock führen. Bislang ist unklar, wie stark Hunde von Allergien betroffen sind. Wissenschaftler haben versucht zu schätzen, wie viel Prozent der Allergien auf Nahrungsmittel zurückgehen – mit unterschiedlichen Ergebnissen. Bei Unverträglichkeiten gegenüber einem bestimmten Nahrungsmittel ist das Immunsystem nicht in gleichem Maße betroffen wie bei einem giftigen Nahrungsmittel.

LAKTOSE

Die Laktose ist nicht das einzige, aber wohl das am weitesten verbreitete Beispiel für eine Nahrungsmittelintoleranz bei Hunden.

GLUTEN

Auch die angeborene Unverträglichkeit von Gluten (einem in einigen Getreidesorten wie Weizen, Roggen und Gerste vorkommenden Protein) ist zu nennen. Dieses Problem kommt im Veterinärbereich jedoch recht begrenzt vor und betrifft nur wenige Familienzweige sehr weniger Rassen.

HISTAMIN

Eine besondere Form der Unverträglichkeit steht in Verbindung mit Histamin – einer Substanz, die in bestimmten Fischsorten vorkommt. Sie ist normalerweise gut verträglich, kann aber bei hohen Konzentrationen (wie im Falle von alten Thunfischen und Makrelen) zu Symptomen führen oder wenn der Hund Antibiotika bekommt (zum Beispiel Clavulansäure), welche die spezifischen Enzyme hemmen, die diese Substanz abbauen.

WAS PASSIERT, WENN DER HUND ALLERGISCH REAGIERT?

Um den Auslöser der möglichen Reaktion zu identifizieren, sollte eine Ausschlussdiät durchgeführt werden. Diese besteht im Idealfall aus Nahrungsmitteln, die der Hund noch nie bekommen hat, und schließt seine bisherigen Nahrungsbestandteile aus.

In diesem Fall ist es sehr hilfreich, wenn bereits Selbstgekochtes gefüttert wird, da die Zubereitung und die genauen Inhaltsstoffe des Futters bekannt sind. Industrielles Hundefutter enthält dagegen oft einige, manchmal versteckte Zutaten, die Stärke, Fette oder andere Nährstoffe liefern. Andererseits ist auch bei selbst gemachtem Futter Aufmerksamkeit vonnöten, sowohl durch den Einsatz bestimmter Substanzen (zum Beispiel handelsüblicher Nahrungsergänzungsmittel), die versteckte Allergene enthalten können, als auch durch eine mögliche Kontamination mit unerwünschten Proteinen während der Futterzubereitung.

Besondere Fütterungsformen

Unsere eigene Ernährung kann durch vorübergehende Trends, ein zeitweilig beliebtes Nahrungsmittel oder wissenschaftliche Forschungsergebnisse beeinflusst werden – dasselbe gilt für selbst gemachtes Hundefutter. Manchmal steht eine bestimmte Ernährungsform im Mittelpunkt des Interesses, insbesondere wenn es sich um „gesündere" oder „geeignetere" Nahrungsmittel handelt. Zu den Fütterungsformen, die sich in jüngster Zeit sowohl bei selbst gemachtem als auch bei industriellem Futter mit speziell entwickelten Kroketten durchgesetzt haben, gehören: BARF, die Paleo-Fütterung, die getreidefreie oder kohlenhydratarme sowie die vegane und vegetarische Fütterung. Im Allgemeinen sind dies Fütterungsformen, die eine oder mehrere Nährstoffarten einschränken oder ausschließen und daher vom Tierarzt oder Ernährungsspezialisten bewertet und angepasst werden müssen. Die folgenden Darstellungen können als Ausgangspunkt für weitergehende Recherchen dienen.

BARF

BARF (Biologisch artgerechte Rohfütterung) ist eine der am weitesten verbreiteten Formen selbst gemachten Hundefutters. Der Begriff wurde 1993 von einem australischen Tierarzt geprägt. Das Wichtigste hierbei ist die Nachbildung der typischen natürlichen Ernährung eines fleischfressenden Hundes: Das Futter besteht daher vorwiegend aus Fleisch, Innereien und fleischigen Knochen – alles roh.

Es wird auch eine gewisse Menge an Obst und Gemüse gefüttert, Getreide dagegen in der Regel nicht (Stärkelieferanten wie Erbsen oder Kartoffeln werden sehr selten gegeben). Die tägliche BARF-Futtermenge berechnet sich nach dem Gewicht des Hundes und liegt je nach Alter und körperlicher Verfassung bei etwa 2–4% des Gewichts. Die benötigte Futtermenge setzt sich aus 70–80% Inhaltsstoffen tierischen Ursprungs und 20–30% pflanzlichen Ursprungs zusammen.

Dieses Futter gilt als gut für das Verdauungssystem und die körperlichen Bedürfnisse, da der Fokus auf der ursprünglichen Raubtiernatur des Hundes liegt. Vor der Begegnung mit dem Menschen enthielt seine Nahrung kein Getreide und damit keine Stärke. Die Domestizierung des Hundes hat im Grunde dazu geführt, dass seine Ernährung an unsere angepasst wurde. Das bedeutet die Aufnahme von Kohlenhydraten und Getreide, was heute als vollwertige und ausgewogene Hundeernährung gilt. Zu den Pluspunkten dieser Fütterungsform zählen ein glänzenderes Fell, eine bessere Maulhygiene und eine bessere Verdauung. Die im Futter enthaltenen Knochen helfen hier dabei, die Zähne sauber zu halten. Rohe Knochen sind zudem härter und brechen oder splittern weniger. Wie zuvor angesprochen, ist der Verzehr von Knochen jedoch nie risikofrei, da Splitter auch bei rohen Knochen auftreten können – es empfiehlt sich daher, stattdessen Knochenmehl zu füttern.

Für eine bessere Verdauung kann BARFen ein Segen sein – als getreidefreies Futter eignet es sich für Hunde, die auf Stärke empfindlich reagieren (insbesondere der Tschechoslowakische Wolfhund, der Saarlooswolfhund und der Weimaraner; streng genommen wurde jedoch nie nachgewiesen, dass ein stärkefreies selbst gekochtes Futter in solchen Fällen nicht genauso vorteilhaft ist).

Und dann stellt sich noch die Frage der Vitamine und Mineralien. BARF wird von den Befürwortern als ein Alleinfuttermittel angesehen, das den Bedarf eines Hundes decken kann und somit keine Nahrungsergänzungen vorsieht. Diese Art von Hundefutter ist allerdings keine echte Beute, die in freier Wildbahn gelebt hat. Ein Stück Nutzgeflügel (mit etwa einem Monat geschlachtet), das außerdem gehäutet, gerupft und ausgenommen wird, kann ernährungsphysiologisch kaum mit einem Vogel verglichen werden, der jahrelang in der Wildnis lebt. Auch die Rolle von Vitaminen und Mineralien in Obst, Gemüse, Samen und Kräutern wird häufig überschätzt.

Den Kern dieser Fütterungsform bildet rohes Fleisch. Jüngere Studien bezüglich verschiedener speziell für das BARFen von bekannten Markenherstellern verkaufter Inhaltsstoffe, die Fleisch, Knochen und Nebenprodukte von Rind, Geflügel, Ente, Lamm und Pferd enthalten und die in Supermärkten, Fachgeschäften und von Tierärzten verkauft werden, haben einen Gehalt von Kolibakterien nachgewiesen, der den für den Menschen als bedenklich eingestuften Grenzwert überstieg. Auch die gefährlichen Parasiten *Sarcocystis cruzi* und *Toxoplasma gondii* wurden gefunden, ebenso wie Listerien und Salmonellen. Es ist allgemein bekannt, dass rohes Fleisch mit Viren (wie dem Aujeszky-Virus), Bakterien (Kolibakterien und Salmonellen zum Beispiel können in rohem Hühner- und Putenfleisch vorkommen) und Parasiten belastet sein kann. Hunde sind ihnen gegenüber zwar weniger empfindlich als Menschen, doch Bakteriengifte sind relativ häufig und beeinträchtigen vor allem immunschwache oder gastrointestinal erkrankte Hunde. Als Hundehalter sind wir in diesem Fall dem Problem stärker ausgesetzt. Beim Umgang mit oder

der falschen Lagerung von rohem Fleisch für den Hund können wir in Kontakt mit diesen Bakterien kommen. Und nicht nur das: Der Hund kann das häusliche Umfeld verunreinigen, wenn er mit Kot in Berührung kommt, oder der Mensch nimmt Kot auf und verunreinigt Bereiche, in denen der Hund sich löst. Die US-amerikanische Behörde für Lebensmittel- und Arzneimittelsicherheit (FDA) empfiehlt daher, die für das BARFen verwendeten Zutaten getrennt von anderen Lebensmitteln zu lagern, alles, was nicht sofort verfüttert wird, einzufrieren und immer alles zu desinfizieren, was mit rohem Fleisch in Berührung gekommen ist.

PALEO-FÜTTERUNG

Zahlreiche der bisherigen Untersuchungen, die sich auf den aktuellen BARF-Trend beziehen, haben auch andere Fütterungsformen analysiert, auf die eingegangen werden sollte – angefangen bei der Paleo-Fütterung. Sie hat vieles mit dem BARFen gemeinsam, vor allem das grundlegende Prinzip: den Wunsch, den Hund seiner Raubtiernatur entsprechender zu ernähren. Die Paleo-Fütterung ist nach dem Steinzeitmenschen benannt, der vom Fischen, Jagen und Sammeln von Pflanzen lebte. Auf die Tierwelt übertragen ist der Wolf das Vorbild. Er wird nicht dick, lebt lange und aktiv und findet in freier Wildbahn alles, was er braucht. Die Anhänger der Paleo-Fütterungsform glauben, dass sich über die Jahrtausende wenig im Verdauungssystem und in der körperlichen Veranlagung des Hundes verändert hat – wie auch beim Menschen –, sodass eine Rückkehr zu einer „Steinzeitdiät" für unsere Gesundheit und die unserer vierbeinigen Freunde nur gut sein kann. Mit einer vergleichbaren Begründung wie beim BARFen ist die Paleo-Fütterung ebenfalls getreide- und laktosefrei.

Es gibt jedoch zwei grundlegende Unterschiede zwischen den beiden Fütterungsformen: Beim BARFen wird nichts gekocht, und bei der Paleo-Fütterung werden keine Knochen verfüttert. Im Gegensatz zum BARFen werden bei der Paleo-Fütterung verschiedene Fleischsorten (Schweinefleisch immer), Obst und Gemüse erhitzt. Die Nahrungsmittel sollten jedoch nicht lange gekocht und vor allem niemals in den gleichen Napf wie Rohfutter gegeben werden. Außerdem sollten die beiden Futtergaben länger als üblich auseinanderliegen, damit es durch die unterschiedlich langen Verdauungszeiten nicht zu Problemen kommt. Den Paleo-Anhängern zufolge ist Rohfutter leichter und schneller verdaulich als Gekochtes, wissenschaftlich belegt ist das jedoch bislang nicht. Die oben genannten Faktoren und Vorsichtsmaßnahmen gelten auch bei der Verwendung von Rohfleisch.

Fleischknochen gehören nicht zur Paleo-Fütterung, sodass kein Risiko für Verletzungen am Maul, den Zähnen oder dem Darm des Hundes besteht. Der Mangel an Nährstoffen wie Kalzium und anderen Salzen lässt sich durch Nahrungsergänzungen wie Knochenmehl oder Eierschalenpulver ausgleichen. Natürliche Nahrungsergänzungen wie Kräuter und Gewürze können zudem häufig den Nährstoffmangel ausgleichen, der – wie oben beschrieben – dadurch entsteht, dass keine echten Beutetiere aus der freien Natur verfüttert werden können.

Auch diese Fütterungsform eignet sich für Hunde, die empfindlich auf Stärke reagieren, da sie getreidefrei ist.

GETREIDEFREIE ODER KOHLENHYDRATARME FÜTTERUNG

Eine getreidefreie Fütterung spiegelt die Vorstellung, dass das Verdauungssystem des Hundes Getreide nicht verdauen kann. Getreide, insbesondere Mais und Weizen, werden hier nicht gegeben. Eine kohlenhydratarme Fütterung beinhaltet Hafer, Hirse und Vollkornreis, die eine bessere glykämische Last aufweisen und damit für Haustiere besser geeignet sind. In dem Glauben, dass Hunde als Fleischfresser keine Kohlenhydrate benötigen, denken manche fälschlicherweise, dass getreidefrei gleichzusetzen sei mit kohlenhydratfrei – Kartoffeln, Erbsen und Tapioka sowie Zutaten wie Buchweizen und Quinoa gehören aber dazu. Im Allgemeinen sind kohlenhydratarme Fütterungsformen proteinreicher als getreidefreie.

Einer der Hauptgründe, warum Hundehalter diese Fütterungsform wählen, ist, dass sie einen positiven Einfluss auf die Gesundheit von Hunden mit Allergien oder Unverträglichkeiten erwarten. Auf der einen Seite ist Getreide zwar nicht das häufigste Allergen in Hundefutter, auf der anderen ist aber der effektivste Weg, den Auslöser einer Unverträglichkeit zu identifizieren, eine Ausschlussdiät. Sobald der Auslösefaktor bekannt ist, kann das Futter entsprechend neu zusammengestellt werden, ohne auch alle anderen Getreidesorten ausschließen zu müssen. Wie bereits erwähnt ist Zöliakie kein großes Problem im Veterinärbereich und betrifft nur wenige Familienzweige bei sehr wenigen Rassen. Außerdem muss die bei Zöliakie erforderliche glutenfreie Ernährung nicht getreidefrei sein, da es glutenfreies Getreide gibt, das einem Zöliakiehund gefüttert werden kann.

Wie bei BARF und der Paleo-Fütterung geht man davon aus, dass Fütterungsformen, die kein Getreide enthalten, für Hunde geeignet sein können, die Stärke nicht vertragen.

Der grundlegende Bestandteil dieser Fütterungsform sind die Proteine, deren Anteil besonders hoch ist (38–45%). Wie bereits erläutert muss der Nährstoffbedarf eines Hundes anhand vieler

Faktoren sorgfältig bewertet werden, angefangen bei der Lebensphase und der täglichen Aktivität.

Getreidefreie Fütterungsformen sind in der Wachstumsphase nicht zu empfehlen, da das Magen-Darm-System eines Welpen noch unreif ist und leichter verdauliche Kohlenhydrate benötigt als Wurzelgemüse und Hülsenfrüchte. Die Einschränkung von Kohlenhydraten erhöht den Eiweiß- und Phosphorgehalt, weshalb Hunde mit Nierenproblemen nicht kohlenhydratarm gefüttert werden sollten.

Getreidefrei oder kohlenhydratarm gefütterte Hunde wirken direkt nach dem Fressen weniger satt. Der Blutzuckerspiegel steigt beim Verzehr von Wurzelgemüse und Hülsenfrüchten langsamer, die Sättigung hält dafür länger an.

VEGETARISCHE ODER VEGANE FÜTTERUNG

Während die bisher beschriebenen Fütterungsformen die Fleischfressernatur des Hundes betonen, gehen die vegetarischen und veganen Fütterungsformen in die entgegengesetzte Richtung. Nach deren Grundannahme sind Hunde nach Jahrtausenden des Zusammenlebens mit dem Menschen keine Fleischfresser mehr, sondern Allesfresser. Es ist hier also vor allem eine ethische Futterwahl, nach der, wenn man Tiere liebt, es logisch ist, dass zwischen Haustieren und solchen, die für den Verzehr „akzeptabel" sind, nicht unterschieden wird. Darüber hinaus werden gesundheitsrelevante Gründe genannt, die vor allem mit der Qualität des verfütterten Fleisches zu tun haben: Im Fokus stehen die Art der Nutzviehhaltung, der Einsatz von Antibiotika und die unhygienischen Bedingungen, denen diese als Nahrung vorgesehenen Tiere ausgesetzt sind.

Was also gehört zur vegetarischen oder veganen Fütterungsform? Wie bei der menschlichen Ernährungsweise schließt die vegetarische Hundefütterung Fleisch und Fisch aus, beinhaltet aber andere tierische Proteine (beim Ovo-lacto-Vegetarismus zum Beispiel Milch, Käse, Joghurt und Eier). Die vegane Ernährung dagegen enthält kein Tier und keine tierischen Proteine. Der Hauptlieferant von pflanzlichem Eiweiß sind in beiden Fällen Hülsenfrüchte (insbesondere Soja), Vollkorn, Weizenkeime und Samen wie Sonnenblumenkerne und Sesam. Für eine möglichst vollständige und ausgewogene Ernährung werden je nach spezifischen Nährstoffeigenschaften Nüsse, Sprossen, Algen, Nebenprodukte von Getreide, Tofu, Obst und Gemüse hinzugefügt. Um Mängeln vorzubeugen, wird mit Zutaten wie Hefe oder Hefeextrakt das Futter appetitlicher und mit B-Vitaminen angereichert, und auch Kernöle liefern essenzielle Fettsäuren. Nicht vergessen werden darf, dass Hunde zur Gesunderhaltung von Kiefern und Zahnfleisch hartes Futter zum Kauen benötigen, hierfür können sie rohe Karotten oder ganze Äpfel bekommen. Generell sollten die Mengen von Nährstoffen wie Aminosäuren (Taurin, Methionin, Lysin, Tryptophan), Mineralien (Kalzium, Phosphor, Zink), Vitaminen (B-Vitamine, D3, A und E) und Fetten (Linolsäure, EPA, DHA) sorgfältig bestimmt werden, da Mängel zu diversen Krankheiten führen können.

Zu bedenken ist, dass sich das Verdauungssystem des Hundes durch seine enge Beziehung zum Menschen zwar verändert hat, er morphologisch aber immer noch ein Allesfresser ist. Sein Magen-Darm-Trakt ist kürzer und enthält andere Verdauungsenzyme und Darmmikroben als der eines Pflanzenfressers. Um den Ernährungsanforderungen des Hundes gerecht zu werden, muss eine vegane oder vegetarische Ernährung ausgewogen sein und mit großer Sorgfalt angepasst werden. Sie ist nicht so leicht verdaulich wie fleischhaltige Nahrung, und eines der häufigsten Probleme ist ein Mangel an Vitamin B12 (in tierischen Nahrungsmitteln enthalten), der sich zunächst als allgemeine Schwäche und Fellverlust zeigt und mit speziellen Nahrungsergänzungen beseitigt werden kann. Der Aminosäurebedarf eines Hundes liegt über dem eines Allesfressers, daher müssen einige Aminosäuren, deren Anteil in der veganen Fütterungsform zu gering ist, zugegeben werden. Generell werden gezielte Bluttests empfohlen, um sicherzustellen, dass der Nährstoffbedarf des Hundes immer gedeckt ist. Darüber hinaus sollte besonders auf unnormales Verhalten oder Anzeichen von Beschwerden geachtet und umgehend mit dem Tierarzt besprochen werden.

Angesichts der Probleme, die mit einem Mangel an tierischen Proteinen verbunden sind, wird diese Fütterungsform nicht für Welpen, tragende und säugende Hündinnen oder ältere Hunde empfohlen. Sie haben sehr spezifische Bedürfnisse und können sich einer Futterumstellung weniger gut anpassen.

Eine vegetarische oder vegane Fütterung kann empfehlenswert sein, wenn Proteine tierischen Ursprungs zu vermeiden sind, zum Beispiel bei Hunden mit einer erblichen Veranlagung zu Nierensteinen (Dalmatiner, Bulldoggen).

HUNDE UND ENTOMOPHAGIE

Um die Ernährung der Weltbevölkerung zu sichern, die bis 2050 auf über neun Milliarden Menschen ansteigen wird, sind wir gezwungen, Insekten als Lieferanten tierischer Proteine für Mensch und Tier in Betracht zu ziehen. Insekten liefern effizienter Proteine und Aminosäuren als andere Tiere, die traditionell für die Ernährung von Mensch und Tier gehalten werden: Die Produktion der gleichen Menge an Protein benötigt sehr viel weniger Futtermittel, sauberes Wasser und Land, von den geringeren Treibhausgasemissionen ganz zu schweigen.

Zudem ist der Verzehr von Insekten nicht neu. Die Ernährungs- und Landwirtschaftsorganisation der UN (FAO) bestätigt, dass der Mensch seit der Urzeit Insekten isst und sie derzeit bei etwa zwei Milliarden Menschen (knapp einem Drittel der Weltbevölkerung) auf dem Speiseplan stehen.

Studien, bei denen Hunden Soldatenfliegenlarven als Proteinquelle gefüttert wurden, zeigten, dass sie die Proteine von Insekten verdauen und aufnehmen konnten. Diese Proteine erwiesen sich in den Studien als geeignete und verdauliche Proteinquelle mit einem dem Fleisch vergleichbaren biologischen Wert (Menge an essentiellen Aminosäuren; siehe Bibliografie, Seite 219).

Der Gedanke, dass Hunde auf Larvenmehl aus Insekten – Rohstoffe, die in mehreren europäischen Ländern bereits auf dem Markt erhältlich sind – umgestellt werden, sollte nicht verworfen werden.

Haftungsausschluss

Alle Rezepte in diesem Buch sind für gesunde Hunde geeignet. Das bedeutet, dass sie alle Nährstoffe liefern, die ein Hund benötigt, damit sein Nährstoffbedarf gedeckt ist, dass sie aber nicht für die Ernährung von Hunden mit spezifischen Krankheiten vorgesehen sind, bei denen immer ein Tierarzt hinzuzuziehen ist.

Jedes Rezept muss genauestens eingehalten werden, und die Zutaten dürfen nicht ausgetauscht werden. Auch ist zu bedenken, dass die chemische Zusammensetzung der Rohstoffe von Land zu Land schwanken kann: Um Abweichungen vom Original zu minimieren und die richtige Ausgewogenheit eines Rezeptes zu gewährleisten, empfehlen wir, immer die jeweils angegebenen Zutatenarten zu verwenden, insbesondere im Hinblick auf Gewicht und Alter des Hundes.

Die Umstellung von industriellem Futter auf selbst gemachtes Futter muss immer schrittweise erfolgen, um Magen-Darm-Probleme zu vermeiden. Wenn es zu derartigen Komplikationen kommt, ist ein Tierarzt zu konsultieren.

Die Mengen der einzelnen Zutaten werden in Gramm angegeben und ergeben 1 kg Futter sowie Tagesportionen und sind das Ergebnis mathematischer Berechnung. Der Einfachheit halber können Mengen um maximal 10% auf- oder abgerundet werden, ein Rezept wird auch dann noch ausgewogen sein.

Die Nährwerte der in den Rezepten dieses Buches verwendeten Rohstoffe sind einer deutschen Quelle (https://www.sfk.online/#/home) und einer italienischen Quelle (http://nut.entecra.it/636/banche_dati.html) entnommen.

ANMERKUNGEN ZU RASSEN UND FUTTERPORTIONEN

Jede Futterportion erfüllt das tägliche Ernährungsbedürfnis eines kastrierten Hundes – mit ein paar Ausnahmen. Bei nicht kastrierten Hunden sollte die Futtermenge um 20% erhöht werden. Bei Rassen, die von Natur aus zur Gewichtszunahme neigen – wie Retriever und Nordische Hunde –, sollte die Portion um 20% reduziert werden. Sind diese Hunde jedoch nicht kastriert, sind die in den Rezepten angegebenen Portionsgrößen angemessen. Die Portionen für kastrierte Windhunde, Doggen und Weimaraner sollten 20% größer sein.

Nahrungsergänzungen

Zum selbst gemachten Hundefutter gehören immer Nahrungsergänzungen. Diese sind unverzichtbar, um diverse Defizite auszugleichen, die sich aus dem Nährstoffverlust beim Kochen ergeben und aus den Problemen, die das Verfüttern von Knochen und Innereien im häuslichen Alltag bereitet. Ein auf Beutetieren basierendes Futter könnte zwar alle Nahrungsbedürfnisse eines Hundes decken, doch in unserem Alltag hat der Hund diese Möglichkeit nicht. Außerdem würde dies für den Menschen ein größeres Risiko für einige schwere Infektionen bergen, zum Beispiel Salmonellose, Listeriose, Campilobacter-Enteritis usw.

Die von uns bei allen Rezepten verwendete Nahrungsergänzung ist das online erhältliche Balance IT®. Eine zusätzliche Ergänzung – True Nutrition Vegan Protein Formula – liefert bei einigen veganen und vegetarischen Rezepten essenzielle Aminosäuren.

In Europa ist es unter Umständen einfacher, eine leichter erhältliche Alternative zu Balance IT® zu suchen, Complete Q.Diet® zum Beispiel. In veganen und vegetarischen Rezepten kann statt True Nutrition Vegan Protein Formula auch Selen Pet (NBF Lanes) verwendet werden, das Selen liefert, und Klaiton (Laboratori Legren), das essenzielle Aminosäuren liefert. Wenn Balance IT® durch Complete Q. Diet® ersetzt wird, ist die untenstehende Umrechnungstabelle zu beachten.

Balance IT®	=	Complete Q.Diet ®
2 g		1,5 g
4 g		3 g
6 g		4,5 g
8 g		6 g
10 g		7,5 g
12 g		9 g
14 g		10,5 g
16 g		12 g
18 g		13,5 g
20 g		15 g

Balance IT®	=	Trovet Balance	+	VMP Zoetis ®	+	IDA Plus Barf Vitamins Liquids ®
2,5 g		2,5 g		¼ Tablette		0,75 ml
5 g		5 g		½ Tablette		1,5 ml
7,5 g		7,5 g		¾ Tablette		2,25 ml
10 g		10 g		1 Tablette		3 ml
12,5 g		12,5 g		1 + ¼ Tablette		3,75 ml
15 g		15 g		1 + ½ Tablette		4,5 ml
17,5 g		17,5 g		1 + ¾ Tablette		5,25 ml
20 g		20 g		2 Tabletten		6 g

Anmerkungen der Autorin

Der Ursprung der Freundschaft zwischen Mensch und Hund liegt in grauer Vorzeit. Die erste Begegnung kann auf einen Zeitraum von vor 13 000 bis 17 000 Jahren datiert werden, als sich einzelne Wölfe menschlichen Gemeinschaften näherten und zu ihnen eine für beide Seiten vorteilhafte Beziehung aufbauten. So begann die Wandlung von *Canis lupus* zu *Canis familiaris*, der den Schutz der Menschen vor Angriffen anderer Raubtiere garantierte und im Gegenzug die Gewissheit einer Mahlzeit hatte, die vorwiegend aus den Essensresten der Menschen bestand. Dies war der entscheidende Schritt in der Entwicklung des Hundes, sowohl aus sozialer als auch aus physiologischer Sicht. Im Gegensatz zum Wolf ist der Hund heute praktisch als Familienmitglied akzeptiert, und sein Verdauungssystem hat sich im Vergleich zu dem seiner Vorfahren anders entwickelt. Diese Kluft wurde mittels genetischer Selektion durch den Menschen im Laufe der Zeit noch verstärkt, was zu heute 400 Hunderassen geführt hat.

Aus rein ernährungswissenschaftlicher Sicht lässt sich sagen, dass mehr als 10 000 Jahre des Zusammenlebens mit dem Menschen den Hund allmählich seinem Herrchen angenähert haben: Der Hund hat sich an eine kohlenhydrat- und getreidehaltige Ernährung angepasst, die für die menschliche Evolution historisch ausschlaggebend ist, von der Wölfe in der Wildnis aber ausgeschlossen sind. Wissenschaftler haben belegt, dass es drei Gene gibt, die sich beim Hund im Verlauf der Domestikation entwickelt haben und die an der Verdauung von Stärke und der Aufnahme von Glukose beteiligt sind. Der Hund kann somit in gewissem Umfang Kohlenhydrate aufnehmen. Diese Veränderung liegt jedoch nicht bei allen Rassen gleichermaßen vor, sondern vor allem bei denen, die früher domestiziert wurden (also eher bei zum Beispiel Salukis als Sibirischen Huskys). Die Domestikation und genetische Selektion hatten dagegen keinen Einfluss auf andere Stoffwechselprozesse. Der Hund hat also einzigartige anatomische Funktions- und Verdauungsmerkmale entwickelt, sodass er nicht in die klassischen Kategorien der Fleischfresser (wie Katzen) oder Allesfresser eingeordnet werden kann. Es wird daher klar, wie wichtig es ist, die wahren Bedürfnisse des Hundes und sein wirkliches Nahrungsbedürfnis zu kennen und zu verstehen, um ihm eine gesunde und vollwertige Ernährung zu bieten.

Doch darüber hinaus ist der Umgang mit den Fütterungen eines Hundes auch aus gesellschaftlicher Sicht heikel und wirkt sich direkt auf die Beziehung zwischen Hund und Familie aus. Obwohl er seit Jahrtausenden mit dem Menschen zusammenlebt, wendet der Hund weiterhin die Dynamik seiner Ahnen auf das Futter an und weist ihm eine Schlüsselrolle bei der Definition der hierarchischen Beziehungen zu den Menschen zu. Improvisationen beim Futter – wenn Halter dem Hund Snacks, Leckerli, einen Teil ihrer eigenen Mahlzeit oder Reste geben – können negative Folgen haben, nicht nur für die Gesundheit des Hundes, sondern auch sein Verhalten.

Einem Hund selbst gemachtes Futter zu geben bedeutet, besonders auf seine Bedürfnisse, Nährstoffe, Fütterungszeiten und Fütterungsarten zu achten. Der Hundehalter ist in die Zubereitung des Futters einbezogen – nicht nur in praktischer, sondern auch in emotionaler Hinsicht. In diesem Sinne kann man sagen, dass die Futterzubereitung für den Hund dazu beiträgt, die liebevolle und freundschaftliche Beziehung zwischen dem Menschen und seinem Hund noch weiter zu stärken.

ÜBER DIE AUTORIN

Liviana Prola forscht an der Fakultät für Veterinärmedizin der Universität Turin in Italien. Sie hat in Tiermedizin und Tierernährung promoviert, besitzt ein Diplom des European College of Veterinary and Comparative Nutrition und leitet eine Tierernährungsberatung für Tierfutterunternehmen, Tierärzte und Tierhalter. Zudem ist sie Präsidentin der Italienischen Gesellschaft für Tierernährung.

REGISTER

Register

Danksagung

Folgenden drei Personen, ohne die die Entstehung dieses Buches nicht möglich gewesen wäre, schulde ich großen Dank:

- Prof. Pier Paolo Mussa, der mir in meinen ersten Jahren an der Universität vermittelte, wie faszinierend und aufregend Ernährungswissenschaft sein kann. Er trug maßgeblich dazu bei, die Ernährungswissenschaft als eigenständigen Beruf innerhalb der Tiermedizin zu etablieren.

- Dr. Mario Agrillo, weil er mir bei der Entwicklung neuer Konzepte zur Seite stand. Ich kann ihm gar nicht genug dafür danken, dass er mir den Mut gab, meiner Intuition zu folgen, mich vom Ziehen falscher Schlüsse bewahrte, und vor allem dafür, dass er jedes einzelne Rezept auf diesen Seiten Schritt für Schritt geprüft hat.

- Und schließlich danke ich Giulia Malerba für ihre Geduld, ihre Ausdauer und ihren Beistand.

Bibliografie

Association of American Feed Control Officials. Official Publication. Oxford, IN: Association of Feed Control Officials, 2010.

Axelsson E., Ratnakumar A., Arendt M.L. et al. (2013) The genomic signature of dog domestication reveals adaptation to a starch-rich diet. Nature 495, 360–364.

Bauer J.E. (2007) Responses of dogs to dietary omega-3 fatty acids. J Am Vet Med Assoc 231, 1657–1661.

Bosch G., Hagen-Plantinga E., Hendriks W.H. (2015) Dietary nutrient profiles of wild wolves: insights for optimal dog nutrition? British Journal of Nutrition, 113, S40-S54.

Boyko A.R., Quignon P., Li L. et al. (2010) A simple genetic architecture underlies morphological variation in dogs. PLoS Biol 8, e1000451.

Clutton-Brock J. (1995) Origins of the dog: domestication and early history. IN: The Domestic Dog: Its Evolution, Behaviour and Interactions with People. 7–20 (Serpell J., Hg.). Cambridge, UK: Cambridge University Press.

Commission Directive 2008/38/EC of 5 March 2008 establishing a list of intended uses of animal feedingstuffs for particular nutritional purposes.

Cortinovis C., Caloni F. (2016) Household food items toxic to dogs and cats. Front Vet Sci 22; 3: 26.

Driscoll C.A., MacDonald D.W. (2010) Top dogs: wolf domestication and wealth. J Biol 9, 10.

Driscoll C.A., Macdonald D.W., O'Brien S.J. (2009) From wild animals to domestic pets, an evolutionary view of domestication. Proc Natl Acad Sci U S A 106, 9971–9978.

European Pet Food Industry (FEDIAF). Nutritional guidelines for complete and complementary pet foods for cats and dogs, 2017.

Freedman A.H., Gronau I., Schweizer R.M. et al. (2014) Genome sequencing highlights the dynamic early history of dogs. PLoS Genet 10, e1004016.

Hand M.S., Thatcher C.D., Remillard R.L. et al. (Hg.) (2010) Small Animal Clinical Nutrition. 5th ed. Topeka, KS: Mark Morris Institute.

Hewson-Hughes A.K., Hewson-Hughes V.L., Colyer A. et al. (2013) Consistent proportional macronutrient intake selected by adult domestic cats (Felis catus) despite variations in macronutrient and moisture content of foods offered. J Comp Physiol B 183, 525–536.

Hewson-Hughes A.K., Hewson-Hughes V.L., Colyer A. et al. (2013) Geometric analysis of macronutrient selection in breeds of the domestic dog, Canis lupus familiaris. Behav Ecol 24, 293–304.

Mussa P.P., Prola L. (2005) Dog nutrient requirements: new knowledge. Vet Res Commun 29 (2): 35-38.

NRC (2006) Nutrient Requirements of Dogs and Cats. Washington, DC: National Academies Press.

Russo N., Vergnano D., Bergero D., Prola L. (2017) Small pilot survey on parents' perception of the relationship between children and pets. Vet Sci 16 (4)4.

Vilà C., Wayne R.K. (1999) Hybridization between wolves and dogs. Conserv Biol 13, 195–198.

VonHoldt B.M., Pollinger J.P., Lohmueller K.E. et al. (2010) Genome-wide SNP and haplotype analyses reveal a rich history underlying dog domestication. Nature 464, 898–902.

Phaidon bei ZS
ZS Verlag GmbH
Ein Unternehmen der Edel AG, Hamburg
Deutsche Erstausgabe 2019
ZS Verlag GmbH
Kaiserstraße 14 b
80801 München
www.zsverlag.de

Titel der Originalausgabe
Feed Me

This edition published by
ZS Verlag GmbH under licence from
Phaidon Press Limited
Regent's Wharf
All Saints Street
London N1 9PA

Design: Julia Hasting
Illustrationen: Kevin Waldron
Artwork: Albino Tavares

Infografiken
The Noun Project: Rotes Fleisch, Jeremie Sommet; Geflügel, Hühnerkeule, Vectors Market; Vegetarisch, Karotte, Michał Czekała; Fisch, Sina & Marie; Vegan, Blattspross, H.A; Getreidefrei, Madeleine Bennett; Energiereich, Blitz, Konstantinos Riginos; Wild, Nadelbaum, Mohamed Amine Benzakour; Light, Blatt, iejank; Tennisball, Anton Gridz; Hundeleine, Delsart Olivia; Herz, Angelina Fara; Hundehalsband, Denora Daujatas; Pfote, Sridharan S; Wasserball, Anbileru Adaleru.

Projektkoordination der deutschen Ausgabe: Julia Sommer
Übersetzung: Antje Becker
Satz und Redaktion der deutschen Ausgabe:
bookwise medienproduktion GmbH, München

Printed in China
ISBN 978-3-947426-07-2